JN101705

建設キャリアアップシステム　技術者の継続教育

CCUS/CPDの活用で

# 建設業の人材不足解消と育成はできる!

山本昌幸［著］

中央経済社

# まえがき

この本は，中小建設業者がCCUS（建設キャリアアップシステム），CPD（建設技術者の継続教育）を活用して，人手不足の解消と人材育成を成し遂げるための指南書です。

このCCUSとCPDは，経審（経営事項審査申請）等のインセンティブになることは多くの方がご存じだと思います。それはそれで非常にありがたいのですが，経審等のインセンティブになることを理由にCCUSやCPDに取り組むということはある意味，非常にもったいないと私は思っています。なぜなら，CCUSやCPDは活用次第で中小建設業者の人材不足解消と人材育成を実現できるのですから。

このような主張を唱える私の紹介をさせてください。

- 私は社会保険労務士・行政書士として主に建設業者向けに30年以上の活動をしています
- 私は社長がたった１日で策定する人事評価制度を考案し，多くの建設業者を含め200社以上に導入指導をしています
- 私はISO9001・14001・45001主任審査員として建設業者を中心に25年，1,400回以上の審査をしています
- 私はISO主任審査員の知識・経験を活かし，建設業者が４か月でISO9001・14001を認証する仕組みを策定し，200社以上に導入指導をしています
- 私は中小建設業者向けに実行予算管理，公共工事進出等及び人手不足・人材不足対策の様々な指導を実施しています
- 私は活動拠点（本店，事務所）を愛知建設業会館（一般社団法人愛知県建設業協会の所在するビル）の７階に据えて20年以上コンサルタント業，社会保険労務士・行政書士の業務を行っています
- 私は11冊の商業出版を行っています

ずいぶん大そうな紹介に思われた方もいらっしゃるかもしれませんが，決して自慢しているのではなく，本書を執筆することの根拠・裏付けをお示ししたかったのです。本書を手に取られたあなたも執筆内容を裏付ける根拠のない著者の書籍など興味ないですよね。

さて，この**「CCUS/CPDの活用で建設業の人材不足解消と育成はできる！」**という本は，次のような方に向けて執筆しました。

- **中小建設業者の社長，管理者の方**
- **中小建設業者を顧客に持つ行政書士，税理士，社会保険労務士の方**

これらの方は，本書をお読みになることで，CCUSやCPDを活用するとどのように得をするのかをご理解いただけるでしょう。

ただ，この**得をする**ためには，少々の工夫が必要です。その工夫の方法も本書では詳しく解説しますので，本書をお読みいただくことであなたは（もしくはあなたの顧客である中小建設業者さん）は，一歩先を行く建設業者となり，30年後，いや50年後も繁栄している建設業者であり続けられるでしょう。

2023年２月吉日

あおいコンサルタント株式会社・東海マネジメント
山本　昌幸

# もくじ

第2章

## 建設業こそ“差別化”が重要 ――「一歩先を行く」建設業者と「のほほん」建設業者の違い

第3章

## 建設業において一番の解決すべき課題
## ――それは人材の問題です



第4章

## CCUS・CPDを用いた差別化戦略

第5章

## 建設業で働く人材を育成するためには──CCUS・CPDを育成ツールとして活用

## 第6章

## 建設業で働く人材を定着させるためには ──CCUS・CPDを定着ツールとして活用



## 第7章

## 建設業における女性と若年労働者の活用を本気で考えてみる

## 序　章

# 早く取り組まないと損をする？CCUS（建設キャリアアップシステム）とCPD（建設技術者の継続教育）とは？

## 1　建設業を支える３種類の登場人物

我が国の非常に重要な産業の１つである建設業。この建設業を支える３種類の人材が存在することをご存じでしょうか。

建設業を経営している社長，建設業に従事している方にとっては当たり前すぎて普段は意識していないかもしれませんが，本書を読み進めていただく前におさらいの意味を込めて説明しておきましょう。

●●●建設業を支える３種類の登場人物

1．技術（じゅつ）者：施工現場の管理（施工物件の監理）を行う

2．技能（のう）者：施工現場で直接作業する（職人，作業員）

3．事務担当者：営業所や現場事務所における事務管理を行う

建設業者や施工物件によっては前述の３種類（もしくは２種類）の役割が厳格に区別される場合もある反面，３種類（もしくは２種類）の役割を兼務する場合もありますね。

建設業を経営する社長，建設業に従事している方にとっては，「**3．事務担当者**」については，日ごろ意識されないことが多いと思いますが，今

後，建設業の行方を占ううえで非常に重要な役割を担うのが事務担当者ですから本書ではあえて建設業を支える３番目の登場人物として定義しておきます。

もう１つ以下を定義しておきます。

| CCUS（建設キャリアアップシステム）：技能(のう)者向けの仕組み<br>CPD（建設技術者の継続教育）：技術(じゅつ)者向けの仕組み |
|---|

前述の説明にもあるように，技能者兼技術者の方も多々存在していますので，CCUSとCPDの両方の仕組みに関わっている方も多いです。特に中小建設業者に従事する方，小規模工事に従事する方，一式工事業以外（土木一式工事，建築一式工事）に従事する方は，技能者兼技術者の方が多いのが現状でしょう。

本書は「技術(じゅつ)者もCCUSに登録すべき」との立場に立ち，執筆しています。

## 2 CCUS（建設キャリアアップシステム）とは？

CCUS（建設キャリアアップシステム）とは，技能者の資格，経験及び就業実績を登録して，技能の適正な評価，施工品質の向上及び施工現場における効率化を実現するための仕組みです。

建設業は担い手不足が深刻な業種です。その担い手不足解消のためには，施工現場で活躍する人材（特に若年労働者層）の入職を進め，一生続けられる職業であること，一生関わることができる産業であることを認識してもらう必要があります。そして，そのためには，技能者の評価基準を標準化し，結果として適正な評価を受けることにより，技能者の技能の向上はもちろん社会的評価を向上させるための仕組みが必要と考えられて，完成した仕組みが「CCUS（建設キャリアアップシステム）」なのです。

CCUSでは，現在38分野での能力評価基準が策定されています。

| 電気工事 | 橋梁 | 造園 | コンクリート圧送 | 防水施工 |
|---|---|---|---|---|
| トンネル | 建設塗装 | 左官 | 機械土工 | 海上起重 |
| PC | 鉄筋 | 圧接 | 型枠 | 配管 |
| とび | 切断穿孔 | 内装仕上 | サッシ・CW | エクステリア |
| 建築板金 | 外壁仕上 | ダクト | 保温保冷 | グラウト |
| 冷凍空調 | 運動施設 | 基礎ぐい工事 | タイル張り | 道路標識・路面標示 |
| 消防施設 | 建築大工 | 硝子工事 | ALC | 土工 |
| ウレタン断熱 | 発破・破砕 | 建築測量 | | |

PC＝プレストレストコンクリート，サッシ・CW＝カーテンウォール

また，その能力は４段階のレベルに分かれています。

| レベル | 能　力 | カード※の色 |
|---|---|---|
| 1 | 初級技能者（見習い） | ホワイト |
| 2 | 中堅技能者（一人前の技能者） | ブルー |
| 3 | 職長として現場に従事できる技能者 | シルバー |
| 4 | 高度なマネジメント能力を有する技能者<br>（登録機関技能者等） | ゴールド |

※　CCUSに登録された技能者にはカードが発行されます。このカードは，技能者のレベルにより４段階に分かれており，従事する現場の入退場の際，このカードを現場に設置してあるカードリーダーに翳（かざ）すことにより就業履歴等が蓄積されていきます。

レベルは，必要資格の取得，経験によってランクアップしていきます。

このCCUSは技能者向けの仕組みとなっていますが，中小建設業では技能者と技術者が兼務する場合もあり，技能者と技術者を明確に分けられない事情もあることから，私の個人的な意見としては技術者もぜひCCUSに登録すべきであり，今後，その方向性になると思われます。

なお，CCUSの運営主体は一般財団法人建設業振興基金（https://www.ccus.jp/）です。

## 3 CPD（建設技術者の継続教育）とは？

CPD（建設技術者の継続教育）は，建築士，各施工管理技士（建築施工管理技士，土木施工管理技士，管工事施工管理技士，電気工事施工管理技士，造園施工管理技士など）等の技術者が実務を遂行するうえで必要な能力を開発するための継続教育の仕組みです。技術者がCPD（土木の場合はCPDS）に費やした時間はユニット数で明確化されます。

CPDは現在27を超える機関が実施しています。代表的な実施機関には，以下のようなものがあります。

- **一般財団法人建設業振興基金**
- **一般社団法人全国土木施工管理技士会**
- **公益社団法人日本建築士会連合会**

## 4 CCUSとCPDは，建設業者が儲けるためのツール

私はISO9001（品質マネジメントシステム），ISO14001（環境マネジメントシステム），ISO45001（労働安全衛生マネジメントシステム），ISO22000（食品安全マネジメントシステム），ISO22301（事業継続マネジメントシステム）の主任審査員として1,400回以上，あらゆる規模（２名から数万人規模），あらゆる業種（建設業から製造業，サービス業）に対して審査を実施してきました。そのうち７割以上を占める業種が建設業です。現在でも年間50社以上の審査を担当しています。その中で次のような考えをお持ちの建設業の経営者・事務担当者がいらっしゃるのは，非常に残念に思っています。

- **CCUSはできるだけ導入したくない**
- **CPDは総合評価対策として仕方なく技術者に受講させている**

CCUSについては，新しく誕生した仕組み（2019年４月から本格運用）ですから理解が進まないこともあり「できるだけ導入したくない」と思うのは自然な感情なのかもしれませんが，いずれ取り組むべき仕組みです。１日でも早く取り組むべきです。内容も決して悪い仕組みではなく，技能者の能力向上，社会的地位の向上，施工単価アップにつなげるための有益な仕組みといえます。

私がISO審査を担当している建設業者さんのほとんどは公共工事を受注している企業ですが，それでもCCUSへの印象は前述のとおりなのです。もちろん，すべてのISO審査先がそのような状態であるというわけではなく，事業者登録はもちろん，技能者登録も協力会社の技能者まで済ませている建設業者もあります。そして，使い倒しています。

また，CPDについても積極的に活用しているのではなく，総合評価の加点のために仕方なく受講している業者さんが多いのが現状です。

しかし，このCCUSとCPDは建設業が儲けるためのツールなのです。

なぜなら，CCUSとCPDは建設業者が儲けるために必要な「ヒトの問題」を解決することができるからです。

中小建設業の経営者にとって悩みのツートップは「ヒトの問題」と「お金の問題」です。

- **ヒトの問題：人手不足解消，人材の育成及び人材の定着**
- **お金の問題：売上の確保，キャッシュフロー**

ここ最近，このツートップの悩みにおいて，「ヒトの問題」は「お金の問題」を上回るようになっています。

実は，CCUSとCPDは使い方次第で「ヒトの問題」を解決できるのです。「ヒトの問題」が解決できれば，中小建設業の経営者の“悩み”は半分以上解決します。そして儲かることに大きく近づくのです。

## 5 CCUS・CPDと相性の良い仕組みとを融合して人材育成を実現する

前項でCCUSとCPDは中小建設業者の「ヒトの問題」を解決するためのツールであると説明しました。では，中小建設業者にとっての「ヒトの問題」とはどのようなものなのかを詳しく見てみましょう。

●●●中小建設業者にとってのヒトの問題

- 人材募集に対して応募がない
- 人材の育成ができない
- 人材が定着しない
- 人材が作業上のルールを守らない
- 労災事故発生の可能性
- 残業時間が減らない
- 生産性が上がらない　など

ざっとこんな感じでしょうか。

前述の中小建設業者にとってのヒトの問題の多くはCCUSやCPDを活用することにより解決可能です。もちろんすべてではありませんが，解決可能なことが多いのです。

ただし，CCUS・CPDだけでは万全ではありません。

**中小建設業者の「ヒトの問題」をCCUS・CPDで解決するためには，それらをある仕組みと融合して運用する必要があります。**ある仕組みとは

どのような仕組みなのでしょうか？　それは，

**人事評価制度**

です。

「えっ？　人事評価制度とは，人材を評価するアレですか？」

そうです。「人材を評価するアレのこと」です。

ただ，CCUS・CPDと融合して運用し，中小建設業者の「ヒトの問題」を解決する人事評価制度は，一般的な人事評価制度のことではありません。一般的な人事評価制度をCCUS・CPDと融合して運用しても中小建設業者の「ヒトの問題」は解決できません。なぜなら一般的な人事評価制度には次のような問題点があるからです。

### ●●●一般的な人事評価制度自体の問題点

- 人材を評価（順番付け）することが目的となっている
- 評価項目と評価基準が抽象的であり具体的ではない
- 異なる評価項目に対して評価基準がすべて同一（「部下の指導」「ルール遵守」という異なる評価項目に対して，S=良い，A=やや良い，B=やや悪い，C=悪いという同一の評価基準）
- 人材育成を目的としながら，育成の仕組みが含まれていない
- 業種特有の評価項目が非常に少ない
- 人事評価制度の策定期間が半年から1年以上かかる
- 人事評価制度策定をコンサルタントに依頼した場合，コンサルタント料金が莫大になる
- 人事評価制度の策定自体が非常に面倒くさい
- 人事評価制度の運用が非常に面倒くさい

●●●一般的な人事評価制度運用結果の問題点

- 評価の根拠がない（もしくはあいまいな）ため人材に対してフィードバックがしにくい（できない）
- 評価基準がない（もしくはあいまいな）ため評価者により評価結果がブレてしまう
- 人材の育成が実現できない／会社が良くならない（儲からない）

以上のように一般的な人事評価制度をCCUS・CPDと融合して運用したところで「ヒトの問題」の解決は難しいでしょう。

では，どのような人事評価制度であれば，CCUS・CPDと融合して中小建設業者の「ヒトの問題」を解決することができるのでしょうか。

それが，

**カンタンすぎる人事評価制度**

です。

「カンタンすぎる人事評価制度」とは，どのような人事評価制度なのか，その詳細説明は後述しますが，ほんの少しだけ触れておきます。

●●●カンタンすぎる人事評価制度の特徴

- １日で完成
- 運用が非常にラク
- 評価基準が明確であり小学生でも評価可能
- 人材から見て目指すべきところが非常に明確　など

この「カンタンすぎる人事評価制度」とCCUS・CPDを融合して運用することで中小建設業者の「ヒトの問題」を解決することが可能となります（実は「お金の問題」も解決可能なのですが，その件についてはいずれまたお話したいと思います）。

CCUSは，経営事項審査（経審）の加点対象にもなっており，入札における総合評価の加点対象になっている機関も多く，今後，CCUSに取り組む建設業者に対してのインセンティブが増えていくものと思われますが，前述したように，建設業を営む建設業者にとってCCUSへの取組みは当然であることを認識され1日でも早く導入していただきたく思います。

CPDについてもまたしかりです。一般的に資格試験の合格は，試験日当日に合格ラインを一瞬クリアしただけであり，実務に携わらない場合，知識はどんどん劣化していきます。それを防ぐためにも，新しい技術の知識を吸収するためにもCPDは必要なのです。

このような説明をすると，「私は1級建築施工管理技士として，常に現場管理の実務に携わっていますので，知識の劣化はありません」とおっしゃる方もいらっしゃると思います。しかし，そのあなたの知識は最新でしょうか？　法規制の改定に対応しているでしょうか？　今後，今までに経験が乏しい工種を請け負った場合には協力会社任せで大丈夫でしょうか？

数年前まではISOの審査において，CPDの話題になると「講習に参加しても座っているだけ」という趣旨の感想が多かったのですが，ここ最近では「参考になる講習があった」「再受講したい内容があった」などの感想を述べられる方が増えています。これは，とても良い傾向だと思います。

ぜひ，CCUSとCPDを積極的に活用しましょう。

## 6 CCUS実施主体の責任者に「想い」を訊く
### CCUSは，建設業者にとって必ず役に立つ

川浪 信吾（かわなみ しんご）

建設省（当時）入省後，建設産業行政を主に担当。令和5年3月から現職。

本項では，CCUS実施主体である一般財団法人建設業振興基金の建設キャリアアップシステム事業本部普及促進部長である川浪信吾氏にCCUS普及への想いを訊きました（インタビュー実施日：2022年10月3日）。

以下，登場人物は（川浪）＝川浪信吾氏（一般財団法人建設業振興基金），（山本）＝山本昌幸（著者），（雨谷）＝雨谷文代（あおいコンサルタント株式会社）の3人です。

### 業界全体を巻き込んだプラットホームができた

**山本** まず，川浪さんの建設キャリアアップシステムCCUS事業本部におけるお立場を教えてください。

**川浪** 建設キャリアアップシステム事業本部では，CCUSの仕組みを運用していく立場と，仕組み自体を全国的に広げてしっかり認知していただくという両輪を担っています。

**山本** CCUSの仕組みを運用していく立場と広める立場の２つが柱ということですね。私自身は，CCUS認定アドバイザーとして，CCUSは非常に良い仕組みだと思いますが，普及するにあたってどのような想いをお持ち

でしょうか。

(川浪)　我が国が直面している少子高齢化において，すべての産業が人材確保に向けて様々な施策を展開している中で，人材確保へのアプローチの施策として建設業が選んだのがCCUSです。

ただ，CCUSは短時間で作り上げたこともあり，事前の周知が足りず，稼働後に全体への浸透が思うようにいかなかったことは正直否めないと感じています。

それでも，業界全体を挙げて人材不足対策として１つのプラットホームのシステムをつくり，すべての技能者に参加していただく仕組みを構築して運用することは，他産業に例のないことなのです。

これまでの建設業における技能労働者というと，景気変動の際の労働力のバッファ（緩衝）という面もあり，景気回復のための公共投資で，仕事を失った人材を吸収する役割が建設業にあったことも事実です。

しかし，そうした時代は終わり，「建設業の技能者＝プロフェッショナル集団」という立場で生涯その職業に就き，もしくは一度建設業から離れたとしても，建設技能者としての経験を評価されたうえで，建設業に戻ることができる仕組みを構築・運用することで，建設人材の確保・育成に向けて機能するのがCCUSだと思っています。

CCUSに疑問をお持ちの方がいらっしゃることも承知していますが，実際に活用してみて様々な効果のある建設業者，技能者に必要な仕組みであるということを理解していただき，業界において隅々まで広がっていくことができればと思っています。

山本　CCUSは2019年に仕組みができて，その年の４月からスタートしたものであったため，短期間でプラットホームを構築し，稼働させながら改善していくことはものすごく大変だったのではないですか。

(川浪)　そうですね。行政からのバックアップはありましたが，法律に根拠を置かずに業界団体が自ら創り上げて普及していることを考えると，現時点での登録者数が100万人というのは非常に大きな意味があると思っています。実際，本人確認を行ったうえで個人情報を登録していただいた，建設業で仕事をしておられる方が100万人いるということですから。

## 技能者だけでなく技術者も登録してほしい

**山本** CCUSは技能者向けの仕組みではありますが，個人的には技術者も登録していただきたいと思っています。実際に技術者も登録しているゼネコンの存在もあります。技術者のCCUSへの登録はどのように思われますか。

**川浪** 技術者に限らず，建設現場に入る方や関わる方に登録していただくことも可能です。

建設現場には資材を納入される方もいますし，技能者向けのサービスを提供される方もいらっしゃいます。そういった方々を含めてCCUSにご登録いただくことも可能です。就業履歴の蓄積がレベルアップにつながるのは技能職ですが，現場へのパスポートというような意味合いで，建設現場に入る方や関わる方にとってもCCUSが活用されていけたらと思っています。

**山本** 確かに建設現場における交通誘導を担う警備員は施工体系にも入りますので対象にすべきですね。

## CCUSに登録するメリット

**雨谷** CCUSへの登録者は順調に増えていますが，その一方で登録のメリットがなかなか見えにくいという声も聞かれているかと思います。今後，より一層登録を加速させていくにあたって，CCUSに登録することのメリットなど考えている施策はおありでしょうか。

**川浪** CCUSの普及・目的は，建設業で働く技能者がしっかり評価されたうえで生涯にわたって働いていける環境の整備であり，それこそがメリットではありますが，他にも様々なメリットがあると思います。その様々なメリットの１つとして，建設業で働く方を応援したいという企業から，CCUSに登録されている技能者に特典を提供したいという申し入れが現時点で20件ほど当組織に寄せられていることもあります。

建設業で働く方々を応援したいという世の中の流れがあり，実際に特典を提供していただいていることを技能者の方々にメールでお伝えしていきたいと思っています。

山本　このCCUS登録技能者向けの特典の提供を申し出られた企業について，今後は何社くらいまで増やしていきたいのでしょうか。

川浪　特典を申し出ていただける企業には，全国展開の企業もあれば，身近な小規模商店もあり，これら組織の大小を問わず，応援していただけるということはありがたいことなので特に上限は考えていません。

山本　身近な小規模商店とはどのようなイメージでしょうか。

川浪　その周辺のコンビニや飲食店などです。例えば，ある場所で工事が始まると，元請業者が近隣へのあいさつに回ると思いますが，その際，技能者が立ち寄りそうなお店は集客につながりお互いWin-Winの関係になることが期待されます。また，全国展開の企業としては，資格取得の学校は技能者のスキルアップ，レベルアップに役立てるために授業料の割引制度なども考えられます。他にも作業や安全のための品物を販売している企業も対象ですね。これらはいくらでも広げていければと思っています。

山本　すごく興味深いですね。特にこれから施工する現場の近くというのは本当にお互いにWin-Winですね。ただ，ここですべての建設業者及び建設業で働く方々に認識していただきたいことは，CCUSは人材の価値が向上したことを認める仕組みだということかと思います。

そもそも，人材の価値を向上させられない企業は建設業に限らず淘汰されていきます。対して，人材の価値を向上させ，それを認め，見合った待遇を付与する――これが自然にできる企業は人手不足・人材不足とは遠ざかっていくと思うのです。このことをCCUS実施主体の組織として広報活動に力を入れていただきたいと思うのですが，いかがでしょうか。

川浪　仰るとおりですね。CCUSは，レベル1からレベル４までの４段階で技能者を評価しています。ただ，個々人の技能者の評価は４つのレベルでは済まないので，建設業者側・経営者側が技能者１人ひとりを見たうえで，その能力に見合った処遇をお願いしたいと思います。

今までは十把ひとからげで技能者を括っていたと思いますが，１人ひとりの技能者のレベルを見て，工事の積算を行ううえでも反映させることがCCUSをきっかけに始まり，企業における技能者の評価につながればよいと思います。

一方，それを嫌がる建設業経営者も正直存在します。例えば，外国人技能者を使用している建設業者の場合，外国人技能者特有のネットワークがあり，100円，200円の賃金の違いで，外国人技能者が移動していく現実を見ている建設業経営者からすると賃上げにつながるCCUSには賛同できないとの姿勢の経営者も少なくないのが実情です。

ただ，今後，賃上げの傾向は続き，企業経営において避けて通れないのですから，技能者に対して正当な評価を行うべきです。

技能者にとって正当な評価がされない建設業者を離れ，正当な評価をしてもらえる建設業者に転職することはやむを得ないと思います。

また，発注者，施主，住宅購入者などに，どのような技能者が建築に携わったのかを明確にして，だからこそこのような価格になるという妥当性を伝えることもできます。価格の根拠をブラックボックスにしておくのではなく，「この価格には根拠があります」ということを伝えていくべきと思います。

山本　それはすごく良いと思います。公共工事の場合は，建設の過程が写真なり，出来形・出来高の記録で追跡できますが，民間工事の場合，確認しようがない場合が多いので，どのような技能者が関わり，施工したのかを明確にすることにより会社の価値も向上し，構築物自体の価値にもなります。そして何といっても安心して構築物を使用できます。

川浪　実際に大手ハウスメーカーや，リフォーム専門企業から，CCUSを取り入れて，エンドユーザーへの自社の技術力や施工に対する安心感を伝えるツールとして使っていきたいとの相談も受けています。

山本　そのようなハウスメーカーさんやリフォーム業者さんが増えると一ユーザーとして私自身も安心です。

## CCUSのさらなる普及を目指す

雨谷　今週（2022年10月３日の週），CCUSの進捗状況を報告する定例会議が予定されています。CCUS全体のプロジェクトとして，登山にたとえると現在何合目あたりなのでしょうか。

川浪　まだ，４合目くらいでしょうか。

CCUSのメリットが実感できないとの意見がありますが，後戻りする必要のない仕組みであり，基本的に前に進んでいくことを考えています。

まだシステム立ち上げから３年ほどですが，様々な困難に立ち向かいながら，100万人の技能者登録という数字（建設技能者は全体で約300万人）は，かなり頑張った結果だと思うのです。当初の「１年で100万人登録」という目標は実現できませんでしたが，他の仕組みと比べても成果が挙がっていると思います。

例えば，英国のCSCSカードが，25年，四半世紀運営して90％近く普及したことを考えると，３年ほどで事業者登録数13万社，技能者登録数100万人というのは，成功していると思います。ただし，そうした評価につながっていないのは残念です。

山本　いや，すごい成果だと思います。

雨谷　英国の話題が出ましたが，モデルとする参考国はあるのでしょうか。

川浪　基本的には，英国の制度を参考にしています。ただ，そのフルスペックではなく，技能者に特化した仕組みとしたのがCCUSカードだと思っています。

英国のCSCSカードの場合，建設現場へ入場する際の安全教育ということがベースにあると思います。

日本の建設業の場合，現場に入る際の安全教育は行いますが，基本的な安全教育を受けているのかは不明なわけです。極論を申し上げると建設企業に入社した出勤初日に建設現場での作業が可能になっています。

建設現場での作業は命に関わる作業が多く，労災事故発生数も建設業に従事している労働者の事故率は他産業に比較して高いです。最近は改善されつつありますが，それでも他産業に比較して多いというのは，建設業への入職時の安全教育が万全ではないからではないでしょうか。

英国では，まず建設現場に入る前にしっかりした教育を受講する必要があり，その受講が終了しないと現場には入れないということをCSCSカードが担保しました。その結果，建設業に新たに入職する人はそのカードを保有していることは当然のことであり，自分自身の安全のために必要なことと理解しているのです。

日本の場合，建設現場の安全は国土交通省ではなく，厚生労働省が主たる管轄であることから，連携が難しい面があるのかもしれませんが，安全は何よりも優先すべき課題であり，処遇改善も重要なテーマですから，CCUSはこれらを一体的に機能させるインフラにしていくことができればと思っています。

## CCUSが，建設業で働く人の安全を担保する

山本　そのとおりだと思います。

それから，建設現場は重層構造になっており，元請業者・下請業者が混在して1つの現場で働いていて，その中で社会保険未加入問題，長時間労働問題，労災事故防止など，解決すべき課題がその時々でクローズアップされています。

このような状況は，国土交通省だけでは対応しきれない課題であり，他の省庁や民間組織との連携も必要になると思っています。これらのことに対して，今後描いていらっしゃる展望を教えていただけますか。

川浪　私の立場で政策的なことを語るのは難しいのですが，先ほど申し上げたとおり，建設業で働く方々の処遇改善は当然として，建設現場の安全担保はそれ以上に大切なことです。

社会保険未加入問題については，国土交通省と厚生労働省が連携して，建設業法を改正して許可要件にしたことで，未加入建設業者は減少していきました。

CCUSについては，様々なことと連携していくことが必要ですが，特

に厚生労働省の施策は連携が重要であると思います。

CCUSと建設業退職金共済（建退共）の連携がすでに開始されましたが，それによりCCUSが身近になったのではないでしょうか。

ただ，急いで様々な連携を行うのではなく，皆様の意見をしっかり伺いながら進めていきたいと思います。

山本　安全の話が出ましたが，CCUSは建設業で働く人の安全を担保する仕組みでもあるということですね。

川浪　そうですし，そうなっていくことが重要だと思います。CCUSはそのようなインフラもしくはプラットホームになりうるシステムでしょう。

## CCUS，これからのブランディング

山本　安心しました。

ところで少し気になることがあります。私は，建設業者さんは，少しでも早くCCUSを導入すべきと思っていますが，関与先の建設業者さんやISO審査先の建設業者さんの社長や総務担当の方と話していると，様子見の方々が結構存在しています。その理由は，「まだ親しい同業者がCCUSを始めていないから」ということでした。

私としては，CCUSの価値を理解しているからこそ，「早く導入すべき」と言っていますし，だからこそこの本も執筆しているのですが…。

これら様子見の建設業者さんに申し上げたいことは何かございますか。

川浪　確かに様子見の建設業者さんが存在することも理解しています。

そのような中で，CCUS導入建設業者に対して評価を行っている都道府県も出てきています。また，経審についても令和５年１月の改正で加点対象となりますから，登録を進めていただければと思います。

山本　様子見の建設業者さんには，とにかく先駆者利益を得ていただきたい（笑）。

川浪　そうですね。様子見の建設業者が多ければ，先駆者利益を獲得できるということになります。

様子見を続ければ，経審の点数も減少してしまうこともありえますか

ら，すでにCCUSの導入について「様子を見る」という段階ではないと思います。

山本　CCUSについて，建設技能者全体のうち何％くらいの登録を目標にされているのでしょうか。

川浪　目標というよりも，すべての建設業者が登録し，すべての建設技能者にカードを所持していただくことを目標にしています。ただ，都道府県の人口統計と異なり，建設技能者が何万人存在しているのかを把握できない状況ですので，何万人登録したから全建設技能者の何％と測れないのが苦しいところではあります。

山本　とにかく，実際に建設現場で働いている技能者全員の登録を目指すということですね。

以前，私は令和４年６月にあいおいニッセイ同和損保さん主催のセミナー講師を川浪さんと一緒にさせていただきました。その時の私の講演では，「人事評価制度は人材育成の仕組みである」をテーマに，「CCUSやCPDも人材育成の仕組みである」ことを受講生に伝えたのですが，その考えは間違っていなかったと改めて思っている次第です。

川浪　CCUSは人材育成の基本的なツールに十分なりうると思います。山本さんの「CCUSやCPDは人材育成の仕組み」というお考えには全面的に賛同していますし，私も同セミナー以降，いろいろな場で「ぜひ，CCUSをベースにして人材評価につながる工夫をしていただきたい」とお願いしているところです。

山本　建設技能者にとって励みになるような制度としてのCCUSの位置付けについてどのようにお考えですか。

川浪　CCUSカードを建設技能者のライセンスのような形にして，カードを提示することが，建設業界においてしっかりとした技能を身につけている人材としての証しであると社会全体が認知していくことができれば建設技能者自身も誇りに思えるでしょう。

CCUSカード保有が自身の誇りにつながり，かつ，様々な特典を受けられるのであれば，建設技能者にとって手放せないカードになるでしょう。もちろん建設業者としても技能者を雇用するうえで必要不可欠な制度となるでしょう。

山本　そのことは本書でも強く訴えたいと思っています。

水戸黄門の印籠ではないですが，レベル４のCCUSカードを提示して，「どうだ！」って感じです（笑）。

最上級クレジットカードは，本人の努力と関係なしに保有できる場合もありますが，CCUSの上位レベルカードは本人の努力の結果ですから。

川浪　子どもたちは，家庭内では仕事をしている親の昼間の顔はわからないものです。しかし，上位のCCUSカード保有により，子どもが「すごいなぁ」と思えますし，CCUSカードのレベルが上がったときに，家族でお祝いしましょうといったことのきっかけになるかもしれません。また，友人・知人にCCUSカードを見せることで誇りにつながっていけば嬉しいと思っています。

山本　レストランに行って，そのレストランで特典が受けられ，さらにレベル３や４のステータス上級のカードを保有することができたら自分の価値を感じられて認められたことになりますね。

最後に，CCUSの広報的なお立場として伝えておきたいことはありますか。

川浪　CCUSは，建設業の担い手の育成につなげるインフラだと思っています。今の若い世代は，社会貢献ができているのかという視点で仕事や会社を選択する傾向が強まりつつあります。自分自身が世の中の役に立っているのかを重要視するため，給料よりも自分自身の存在価値を感じられることを大切にしているように思うのです。その自分自身の存在価値を一番感じられることとして挙げられるのが，感謝の言葉です。

福祉関係のお仕事の場合，直接，エンドユーザーから感謝の言葉をいただくことができるので，大変だけどやってよかったという充実感があります。しかし，建設業の場合は，なかなかエンドユーザーである建築物の使用者と向き合うことがないのが実情です。

ですから，お施主さんや元請建設業者から「ありがとう」などの感謝の言葉が若い人材に届けることができればと思っています。CCUSによって，建設技能者に対して「ありがとう」といった感謝の気持ちが伝えられ，建設技能者にとって励みとなる仕組みとなることを願っています。

山本 確かに最近の若い人材は，お給料よりも充実したプライベートや社会貢献を重視する傾向がありますね。その意味では，建設業ほど社会貢献している業種はないかもしれません。そのことをうまくPRしていくことにより多くの若い人材が目を向けてくれるはずです。

私は，企業の人事評価制度を策定するときに，一番大切な定義を社長に確認しています。その一番大切な定義とは「当社の存在価値は何か？」です。自社の存在価値を明確にしたうえで人材育成につなげる仕組みである人事評価制度を策定することに意義があります。

「建設業の存在意義」を定義したうえで社会に，若年層にPRしていくことができれば，建設業の人手不足・人材不足が解消に向かうはずです。

改めて，CCUSは建設業の存在意義を理解していただける仕組みであり，建設技能者に「ありがとう」をいう仕組みだと思っています。

**【インタビューを終えて】**

CCUS導入について賛否があることは理解しています。

ただ，「否」（反対）のお立場の方にも理解していただきたいことは，

**CCUSは建設技能者のための仕組みであり**

**結果，建設業者のための仕組みでもある**

ということです。

CCUSは，建設技能者を適切に評価し，価値を向上させ，その結果，処遇が向上し，建設業で働く人材を増やしていく――その結果，人手不足・人材不足解消に進み，建設業界が活性化していくというスパイラルアップを実現するための仕組みです。

この建設業界のスパイラルアップのためには，多少の失血も伴うかもしれません。しかし，その失血は建設業界のスパイラルアップのため，30年先，50年先を考えたときに必要なのです。

そのことが実感できるインタビューでした。　山本昌幸

# 第1章

# ほとんどの建設業者は人手不足で人材育成ができず，多くの建設業者には人材が定着していない？

## 1 すべての問題に原因があり，すべての事象に根拠がある

本書が私の12冊目の商業出版ですが，過去11冊すべてで，これから本項で説明していくことを取り上げています。それは，

**すべての問題に原因がある**

**すべての事象に根拠がある**

ということです。施工不良という問題にも必ず原因があります。

人手不足という問題にも原因があります。

人材が定着しないという問題にも原因があります。

施工現場において局地的な豪雨が降るという事象にも根拠があるでしょうし，あなたがこの本を読まれている根拠もありますね。原因や根拠が特定できない場合もありますが，それは，原因や根拠がないということではありません。原因と根拠は必ずあります。病気も同じですね。現代医学では究明できない原因がありますが，それは原因が特定できないのであり，原因が存在することに変わりありません。

本書が12冊目の著作であることは前述しましたが，これまで私が出版した本のタイトルをご覧いただくとおわかりいただけるとおり（巻末に記載），様々なテーマがあります。それらを見て読者の方やセミナー受講者から「山本先生は一体，何がご専門なのでしょうか？」と訊かれることがありますが，そのようなとき，私は「マネジメントシステム屋です」と答えています。

マネジメントシステムとは，ごく簡単に説明しますとPDCAを回して改善していく手法です。

P：Plan：計画
D：Do：実施
C：Check：検証，確認
A：Act：改善，是正，処置

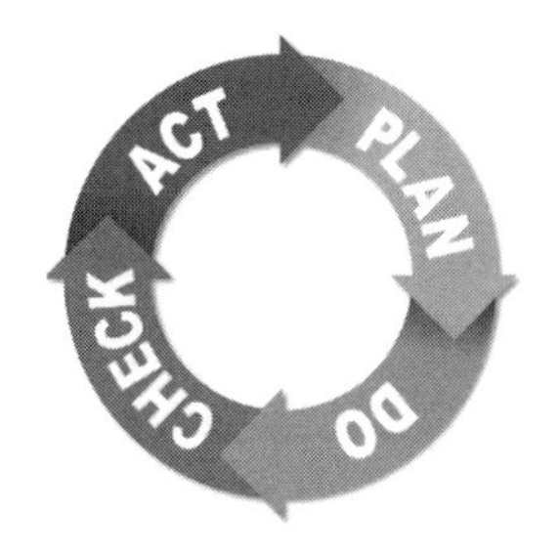


私が執筆した書籍のテーマは，具体的には人事制度・人事評価制度，生産性向上，事故削減，ISO，残業時間削減，人手不足対策などです。そして，これらの本ではすべてマネジメントシステムの視点・構成で執筆しています。

そうしたことから，私はマネジメントシステム屋を名乗っています。もちろん，社会保険労務士・行政書士歴も30年超ありますが，マネジメントシステムの世界に25年以上どっぷり浸かってきた結果，過去11冊の書籍を執筆し，本書も執筆しています。そして，関わってきた業種として一番多いのが建設業なのです。

マネジメントシステム屋とは，1つのテーマに対してPDCAを回して改善や解決を実現していく専門家であり，また，原因追究の専門家でもあります。

あなたやあなたの周りの専門家は，あまりにも安易に原因を特定していませんか。いや，原因を特定せずに解決を図ろうとしていませんか。

真の原因を特定せずに解決を試みることほど無駄なことはありません。

病気でも同じですね。頭痛の原因が脳の血栓の場合，風邪薬を処方され様子をみていたら最悪の場合，亡くなってしまいます。

建設作業においても，例えばフルハーネス型安全帯（墜落防止用器具）を使用せず，胴ベルト型安全帯（墜落防止用器具）を装着して落下事故に遭い，腹部圧迫による重篤な後遺症が残った場合，その原因をあなたならどう判断しますか。単なるルール違反でしょうか。そんな事故が起こると思っていなかったからでしょうか。うっかりミスでしょうか。いずれも真の原因ではありません。

原因を特定して，その原因を取り除くということは是正処置（再発防止）を実現するということです。問題発生については，単なる応急処置ではなく，必ず発生原因を追究したうえで，その原因を取り除き是正処置（再発防止）を実現しなくてはならないのです。この考え方がマネジメントシステム屋に染み付いた考え方です。

ですから，マネジメントシステム屋であるコンサルタントの私は，クライアントから相談された場合，まずは原因追究を行います。例えば，15名の土木工事業の社長さんから「社内の雰囲気が悪いのを何とか改善したい」と相談された場合，私は，「社内の雰囲気が悪いとは具体的にどのようなことなのか？　なぜ，そのような雰囲気になっているのか？」の実態と原因を徹底的に追究します。

一般的に専門家の方々は，ご自分の持っている知識で解決を図ろうとされます。それはそれでおかしなことではないのかもしれませんが，まずは原因追究が先であると私は考えています。前述の「社内の雰囲気が悪いのを何とか改善したい」に対しても，社長が相談した先が人事評価制度コンサルタントの場合は「皆が納得できる人事評価制度を導入しましょう」と提案し，社会保険労務士の場合は「規律ある組織実現のために『就業規則』を改訂しましょう」と提案し，コーチングの専門家の場合は「全社員にコーチングを実施しましょう」と提案します。でも，少し待ってください。社内の雰囲気が悪い原因を特定せずに対策を試みてよいのでしょうか？

仮に社内の雰囲気が悪い原因が工事部長のパワハラであった場合，前述の３名の専門家の対応は妥当でしょうか。100％無駄ではないかもしれませんが，かなり遠回りと思われます。

私は以前，某土木業者の社長さんから「各人材が前向きに業務に対応していない状況を打破するために人事評価制度を導入したい」と相談を受けたことがありましたが，「まずは各人材がなぜ前向きに業務に対応していないのか，その原因を探りましょう」と提案しました。その結果，原因が特定でき，明確になったことは次のとおりでした。

- **なぜ，前向きでないのか？ ⇨ 現場ごとの利益が出ておらず，そのことを社長に叱咤される**
- **なぜ，利益が出ないのか？ ⇨ 実行予算は存在するが，最初の積算時に明確にした後は放置状態**
- **なぜ，放置状態なのか？ ⇨ 実行予算管理の概念も仕組みもない**

私は，各人材が前向きに業務に対応できていない原因として「実行予算管理の仕組みがないこと」とし，対策として「実行予算管理の仕組み構築」を提案しました。

この事例では，社長の要求どおり人事評価制度を導入してもよい方向に向かったかもしれません。しかし，それでは遠回りであることは否めません。もちろん当社も営利企業ですから人事評価制度コンサルティングを受託することにより潤いますが，顧客の問題解決から成功までを第一に考えると，自社の利益は当然後回しとなります。

当社が開発した「カンタンすぎる人事評価制度」とは，一般的な人事評価制度とは一線を画する人事評価制度であり，これを本などで知り，「うちも導入したい」と少々前のめり気味で「無料相談」に臨まれる社長さんも多いのですが，前述のようなやり取りを経て「カンタンすぎる人事評価制度」のコンサルティングをお断りすることも相当数あります。

以上，問題に対する原因追究の重要性をご理解いただけたと思います。さて，私の経験から中小建設業者については，次のことがいえます。

- **中小建設業者が人手不足なのには原因がある**
- **中小建設業者で人材育成ができない原因がある**
- **中小建設業者で人材が定着しない原因がある**

これらの問題を解決していくためには，これらの真の原因を明確にしたうえで，１つひとつつぶしていけばよいのです。

## ② 大前提：人手不足を解消できない企業の大きな共通点

人手不足を解消できない企業には大きな共通点があります。それは，

**人材の価値を上げられない企業だから人手不足から抜け出せない**

ということです。

よほどの人気企業・人気職種でない限り人材の価値を上げられない企業に人材は集まりませんし，留まりません。仮に人気企業・人気職種であっても「人材の価値を上げられない企業」の噂はすぐに広まっていきますので人手不足に陥るのは時間の問題でしょう。

要は，人材を使い捨てにする企業，人材をいくらでも代わりの利くコマ扱いする企業は人手不足を防ぐことができません。このような説明をしますと「当社は高給で人材を集めます」との意見が出てきそうですが，高給につられて集まる人材はどうしても稼がなくてはならない事情がある人材であり，その事情がなくなれば退職するでしょう。

また，単に高給につられて集まる人材はそのような人材が多いのです。確かに一般の価値観と異なる高給を得られる職業に長年就いている人材も存在しますが，その人材は高給につられているのではなく，その職業に魅力を感じて就いている好例でしょう。

中小建設業者が人手不足脱却の第一歩を踏み出すためには，人材の価値を上げられる企業になることだと思います。

そこで，建設業を経営する社長さんにお願いしたいことがあります。それは次の３つのことを本気で行うということです。これができれば，その建設業者の未来は非常に明るいのです。

●●●建設業を経営する社長さんにお願いしたいこと　３か条

| |
|---|
| **1．社長自らが採用活動を本気で行う** |
| **2．社長自らが人材育成を本気で行う** |
| **3．社長自らが人材管理を本気で行う** |

誤解のないように捕捉しますが，「1．社長自らが採用活動を本気で行う」とは，社長が新卒採用のために学校を回ることではありませんし，ハローワークに出向くことでもありません（もちろん，していただいても構いません）。

「2．社長自らが人材育成を本気で行う」とは，社長がマンツーマンで人材を教育することではありません。

「3．社長自らが人材管理を本気で行う」とは，社長が人事管理担当者となることではありません。

要は，社長自身がこの３つの取組みに「本気」であることを社内に浸透させて，全社を挙げての行動として指示するのです。そして，社内で仕組みを作る，もしくは既存の仕組みを活用すればよいのです。

以上のことを含めて，本書では，どのようにして人材の価値を上げていくのかをじっくり説明していきます。

## 3　あなたの会社が人材を採用できない原因は？

### (1)　応募されない原因のほとんどはイメージや「○○だろう」という思い込み――CCUS・CPDで払しょくできる

当社は様々な業種の採用のお手伝いをさせていただいていますが，その中で特に採用のハードルが高い業種の１つに建設業があります。

建設業の技能者，技術者はともに採用が困難な職種です。しかし，その

ような中でも，

- 人手不足ではない舗装工事業者，建築業者，土木工事業者
- 年間８名の採用に成功した土木建設業者
- 応募者を順調に集めている土木建設業者

などが存在しています。

中小建設業者に応募者が集まらない原因として，その建設業者に対するイメージや「○○だろう」という思い込みがあります。

では，どのようなイメージや思い込みがあるのでしょうか。

**☑　キャリアアップできないイメージ**

**☑　技能・技術を学べないイメージ**

**☑　福利厚生が乏しいイメージ**

**☑　休日が少ないイメージ**

**☑　危険な仕事のイメージ**

**☑　将来性がないイメージ**

**☑　「見て覚えろ，盗め」が人材育成だろう**

**☑　仕事が難しそう**

**☑　給料が低そう**

**☑　仕事がキツそう**

**☑　残業が多そう**

**☑　ブラック企業だろう**

ざっと上記のようなものでしょうか。これらはあくまでイメージや思い込みであり真実ではないのであれば，必ず根拠とともに真実を伝えればよいのです。そして，その根拠として活用できるのがCCUS・CPDです。

前述のイメージや思い込みが事実と異なっているのであれば，事実を伝えることは当たり前なのですが，その事実を伝える際に重要なことは根拠です。そもそも根拠がないことは信用されないし，かえって胡散くさいの

です。

以下の内容は，間違ったイメージを払しょくするために自社サイト（ホームページ）やハローワークインターネットサービスに記載すべき内容です。

**キャリアアップできないイメージ**を払しょくする

キャリアアップとは人材の価値を上げることですね。そこで，自社が人材の価値を上げることができることをPRしましょう。

人材の価値を上げることをPRするうえで必要なことが2つあります。

1つ目：価値自体を向上させる仕組み

2つ目：向上した価値を測る仕組み

この2つ目の「向上した価値を測る仕組み」として，自社がCCUSを導入していることをPRしましょう。

**技能・技術を学べないイメージ**を払しょくする

自社に CCUSのレベルを向上させるプログラムがあることをPRしましょう。また，技能・技術・知識を向上させる仕組みとしてCPDを積極的に活用していることもPRしましょう。

**福利厚生が乏しいイメージ**を払しょくする

CCUSのレベルやCPDのユニット獲得数に応じた手当や福利厚生プランを無理のない範囲で設定し運用し，PRしてみてはいかがでしょうか。

### 休日が少ないイメージを払しょくする

これはCCUS・CPDでは対応できるものではないかもしれませんが，CCUS・CPDに取り組んでいる中小建設事業者は公共工事の受注が中心となっている場合が多いと思います。公共工事の現場では，今後より一層，週休二日制が進んでいくと思われます。「公共工事では週休二日制が進んでいます。当社は公共工事を中心に受注しています」とうまくPR できるとよいでしょう。

### 危険な仕事のイメージを払しょくする

確かに建設業には危険な作業が伴います。だからこそ安全に細心の注意を払う建設業者であることを伝え，安全な作業現場を実現していることをPRするのです。その根拠として，日々の KYK（危険予知活動），安全パトロール，現場巡視はもちろんのこと，CCUS・CPDにも安全な作業現場を実現するための内容が含まれていることを伝えるのです。

### 将来性がないイメージを払しょくする

建設業は絶対になくならない業種であることを伝え，建設産業をより一層魅力ある業界・産業にしていくためにCCUS・CPDを活用していることを伝えましょう。

建設技術者，建設技能者は，一生稼ぐことができる職業です。そのことを自信をもって伝えましょう。また，多くの技術者・技能者には定年はありません。身体が動く限り何歳になっても稼ぐことができるのです。一流企業に勤務していた方が定年を機に人生の生きがいを失くしたり，自分のキャリアが全く活かせないことに愕然としたりすることもないのです。

**「見て覚えろ，盗め」が人材育成だろうという思い込み**を払しょくする

人材を放置して，さまざまな技術・技能・知識を勝手に身につけさせるという育成方針（これでは“育成方針”とはとてもいえませんが…）ではないことを伝え，自社には，CCUSのレベルを向上させるプログラムが存在することをPRしましょう。

**仕事が難しそうという思い込み**を払しょくする

確かに仕事は簡単ではありませんが，１段階ごとに自らが身につけたレベルの向上が見えるツールがあるCCUSがあることを伝えましょう。もちろんCCUSのレベルを向上させるプログラムがあることが大前提です。

**給料が低そうという思い込み**を払しょくする

これはほとんど誤解ですよね。誤解であることを伝えましょう。そして，身につけた技能や技術に対して適切な報酬を設定する給与の仕組みがあることを伝えるのです。これもCCUS・CPDを運用した結果，得られる対価といえるでしょう。

**仕事がキツそうという思い込み**を払しょくする

建設業で働くということは確かにキツいことかもしれません。しかし，本当に他業種に比べてキツいのでしょうか？

技能者は身体を使う職業でキツいのですが，残業はあまりありませんね。技術者は身体を使うというより，頭を使う職業であり非常に文書作成が多い職業といえるでしょう（公共工事の場合）が，他業種と比べて“仕事がキツそう”と言い切れないのではないでしょうか。問題は，技能者兼技術者です。公共工事の場合，身体を使い頭も使う大変な職業といえますが，本書の最後でそれを緩和するための提案をしたいと思います。

CCUSでレベルアップしていくことにより待遇を改善して，仕事をキツく感じることを緩和していけるはずです。

**残業が多そうという思い込み**を払しょくする

これは，「休日が少ないイメージ」「仕事がキツそう」と重複しますね。

**ブラック企業だろうという思い込み**を払しょくする

これは完全に単なるイメージであり，誤解ですね。確かに中小建設業者の中にはブラック企業も存在するかもしれませんが，それは業種問わずです。

少なくとも人材を大切に扱い，人材の価値を向上させることができる企業はブラック企業とはいえないと思います。その根拠として，CCUS・CPDに取り組んでおり，「価値自体を向上させる仕組み」「CCUSのレベルを向上させるプログラム」「身につけた技能や技術に対して適切な報酬を設定する給与の仕組み」が機能していることをPRすればよいのです。

### ⑵ 人材募集の大前提　8か条

本項では，私自身が31年の開業歴の中で自社で延べ50人雇用してきたこと，そのための面接を1,000人以上実施した経験及びコンサルタントとして数えきれないほどの企業の採用支援を行ってきた経験をもとに説明いたします。

#### 第1条　無料媒体を徹底的に使い倒そう

人材募集の無料媒体といえばハローワークの「求人票」です。「求人票」は，ハローワークインターネットサービスとして機能していますので，インターネット環境さえあれば，「求人票」の作成から改定までパソコン上で行える非常に使い勝手の良いシステムで，しかもタダ。

中小建設業者のなかには，ハローワークに「求人票」を出したところで全く反応がないと思い，活用していないケースも散見されますが，実はこのハローワークの「求人票」は記載内容次第で活用できます。確かに，今日「求人票」を出して明日応募がある，ということは稀ですが，求職者のニーズに合った内容の「求人票」を作成することにより，逆に反応が「ゼロ」ということはめずらしいのです。

なお，この「求人票」の効果を高めるツールというか，セットで活用していただきたいツールが自社の求人サイト（自社ホームページ：HP）です。

自社ホームページに求人サイトをつくるなら，「求人票」には書けないことなどを詳しく記載しましょう。この自社求人サイトは，無料で作成できるツールもありますが，やはり求職者を増やす効果を期待する自社求人サイトにするためには，多少の費用支出が必要です。求人広告代理店に支払う費用に比べると少額なのでぜひ活用してください。

### 第２条　求職者が何を望んでおり，何に不安を感じているのかを理解しよう

本書を読んでいる読者の皆さんは，求職活動とは無縁の方がほとんどだと思います。また，求職活動ははるかウン十年前，いや一度も求職活動をしたことがないという方もいらっしゃるでしょう。そのような方に「求職者は何を望んでおり，何に不安を感じているのでしょうか？」と問うたところで見当もつかないのではないでしょうか。であれば，最近入社した従業員，友人，息子さん，娘さんなどに訊いてみてください。

求職者にとって就職先を探すのは不安だらけです。

前項で説明した求職者が抱いているあなたの会社に対するイメージや「○○だろう」という思い込みとも重複しますが，求職者があなたの会社に対して不安を感じていること，求職者があなたの会社に望んでいることを１つひとつ洗い出し，その不安を解消する内容，望んでいることを叶える内容を「求人票」や「自社求人サイト」に記載しましょう。

### 第３条 「求人票」や自社サイトへの記載内容の根拠を常に用意しておく

前項では，求職者が不安に感じていることを解消する内容と望んでいることを叶える内容を記載することを説明しましたが，さらに必要なことは，それらの**根拠**も記載することです。

本章の冒頭で，大前提として「すべての事象に根拠がある」と説明しました。ですから，「求人票」や自社サイトにも根拠を記載することにより，信ぴょう性が格段に向上します。いわゆるエビデンスの提示ですね。

例えば，次のどちらの表記に信ぴょう性があるでしょうか？

●●●施工管理担当者の募集

| | |
|---|---|
| 例１ | 残業はほとんどありません。 |
| 例２ | 残業はほとんどありません。なぜなら，当社は施工管理作成 ASP システムの活用により納品文書が現場稼働時間に作成できるからです。 |

いかがでしょうか？　例２の信ぴょう性が高いですね。

では，次の例はいかがでしょうか？

●●●技能者・作業員の募集

| | |
|---|---|
| 例３ | 技能者としてのあなたの価値を適切に評価します。 |
| 例４ | 技能者としてのあなたの価値を CCUS（建設キャリアアップシステム）で継続的に評価したうえで，手当に反映させます。 |

断然「例４」ではないでしょうか。

### 第４条 Ｕターン・Ｊターン・Ｉターン人材もターゲット。そのためのツールを活用しよう

求人のターゲットは，地元に居住している人材に限りません。日本全国

の人材がターゲットです。特に公共工事が盛んな地方の人材ほど資格取得者が多いです。私も日本全国の建設業者にISO審査でお邪魔していますが，地方に行くと１級土木施工管理技士がたくさん在籍しているイメージがあります（数えたことはないのであえて「イメージ」としておきます）。また，女性の１級の施工管理技士も当たり前のように存在しています。

そこでターゲットにすべきはUターン人材（地元を離れ，その後，地元に戻る人材），Ｊターン人材（例えば，青森から東京に出て働き仙台で就職する人材），Ｉターン人材（東京から静岡に移転して働く人材：これは“ターン”ではないですが）です。

公共工事が盛んな地方の人材は資格取得者が多いと説明しましたが，日本国内である以上，資格も共通なのでありがたいですね。ただ，資格だけではありません。CCUSのレベルも全国共通ですし，CPDの獲得ユニット数も有効期限内であればそのまま有効です。

さて，ターゲットとすべきU・Ｊ・Ｉターン人材を活用するために次のツールが思い浮かびます。これらを使いこなしましょう。

- **Zoom等の遠隔コミュニケーションシステム：一次面接に活用**
- **面接旅費の補助：求職者の負担減**
- **社宅：借上げ社宅でもあれば，入社率が向上し離職率が下がります**
- **帰省手当：人材にとって非常にありがたい手当**

### 第５条　新卒，中途採用，経験者，未経験者で募集内容は大きく異なる

新卒採用（高卒，専門学校卒，高専卒，大卒）と中途採用とでは採用方法が大きく異なります。本書では，募集から採用のリードタイムの短い中途採用をテーマに説明します。

まず，中途採用についても，

- 経験者を募集
- 未経験者を募集

のどちらなのかで，募集方法や「求人票」及び自社サイトへの記載内容が大きく異なることを理解してください。

では，具体的にどのように違うのでしょうか。

経験者を募集する場合は，求職者が保有している知識・技能・経験を積極的に認め，評価することを伝える必要があります。要は，求職者のプライドを擽（くすぐ）るということです。ここでもCCUSのレベルは活用できますね。

未経験者を募集する場合は，とにかく初めて就く職業への不安を払しょくしてあげたうえで，○年後に身につけられる技術・技能・力量等を具体的に説明し，その結果，どのような良いことがあるのかを説明しましょう。具体的に身につけられる技術・技能・力量の成果，つまり到達点としてCCUSのレベルを明示することにより具体性が増します。

### 第6条 「急募」はダメ

あなたは，求人募集の「急募」の表記を見てどのようなことを連想しますか？

- とにかく人材が足りないのかな
- 人材が急に辞めてしまったんだろうな
- 相当，困っているのだな
- とても忙しいのだな
- 仕事をじっくり教えてもらえそうにないな　など

中には，「“急募”というくらいだから私が応募したらとても優遇してくれるんだろうな」と思う方もいらっしゃるかもしれませんが，それは少数派だと思います。大多数の方は上記の５つのようなことを連想されるでしょう。

では，あなたは，上記の５つを連想させる会社を自分の就職先として選びますか？　まず，選ばないですよね。

この「人材募集の大前提　８か条」の第６条の「急募はダメ」については，誰が考えても当たり前のことであり，ノウハウでも何でもありません。しかし，この当たり前のことを理解していない方があまりにも多いのであえてここで説明した次第です。

**第７条　求職者からの反応には即対応すること**

これも当たり前のことなのですが，求職者からの反応には即対応してください。

求職者からの反応の種類としては，電話，メール，ネット上のエントリー，「履歴書」の郵送などが考えられます。これらへの折り返しの電話，メール返信，面接日時設定等は即行うことをお勧めします。このタイミングを逸したばかりに縁のない求職者となる事例を多々見てきました。

また，求職者からの反応とは異なりますが，面接実施後の採用決定の連絡についてもなるべく早く行ってください。面接時にその人材を「良い！」と感じたのはあなただけではないのですから。

一般的に，求職者は面接を数社受けています。そして，一番早く内定もしくは採用決定をしてくれた企業を選びます。だからこそ，採用の連絡はいち早く行うのです。私の経験だと，合否の連絡が１週間後の場合，採用の連絡をしたところで自社が採用できる確率は20％ほどでしょう。これが３日後の場合は50％ほどです。では，採用決定の連絡はいつ行うべきなのでしょうか。それは当日です。

当社や当社が採用のお手伝いをする企業では，面接終了後に「採用の対象としてよろしいでしょうか？」と確認します。そこで求職者から「お願いします」との回答をいただいた場合，その場で採用を告げてもよいのですが，そこはこらえて，面接後に社内全体で協議したという姿勢を見せるために面接実施日の夜に採用の連絡を行います。
そもそも，中小建設業者の場合，社長による面接は義務だと思ってください。面接者にとっても自分が就職するかもしれない中小企業の社長がどのような人なのかがわからないことは，辞退の理由となりうることをご理解ください。
社長は決定権者ですからその場で採用を決定してもよいのです。ただ，他の経営層・管理者層と協議をしたことを連想させるために，その場での採用決定を告げずにその日の夜に電話で伝えるのです。

ここで非常に重要なことを１つ。
前条の「急募」と同様に「面接当日に採用を決定」すると，求職者は「この会社，とても困っているのかな」と感じてしまいます。それを払しょくするために，なぜ，面接当日に即採用を決定したのかの理由（根拠）を例えば次のように伝えてください。
「実は今回の採用において○人面接したのですが，あなたが一番よかったのです。特に今までの○○の経験，当社の仕事に対する◇◇の考え方に共鳴できました。だから，明後日も１人面接する予定ですが，あなたに決めさせていただこうと思います」

**第８条　求職者が字面からどのようなことを感じ取るのかを理解する**

「第２条　求職者が何を望んでおり，何に不安を感じているのかを理解しよう」でお伝えしたように，募集側（企業）が「求人票」や自社採用サイトに何気なく記載してしまう内容（字面）から求職者はどのようなことを感じ取るのかを求職者の立場に立って考えてみてください。
「急募」については説明済みですが，「経験者優遇」については未経験者は「未経験者は応募しないでくださいということか」と感じるでしょう。ただ，これを活用して応募者を絞り込んでいくテクニックもあります。未経験者には応募してほしくない場合は，あえて「経験者優遇」と記載することはありでしょう。

### ⑶　求人票・自社採用サイトでしてはいけないこと　8か条

人材募集の大前提8か条に続いて，「求人票」や自社採用サイトでやるべきではない「べからず集」もお伝えします。

**第1条　自社採用サイトは単なる会社紹介のホームページにしてはいけない**

ホームページ（自社採用サイト）作成の目的は何ですか？　人材の採用ですよね。であれば，求職者に興味を持ってもらえる内容，求職者が知りたい内容にすべきです。

私は今でも年間50社ほどのISO審査を実施しており，その約70％が中小建設業者です。そこで，審査前に必ず審査先建設業者のホームページを確認するのですが，自社採用サイトのほとんどが非常にお粗末で，単なる会社案内的な内容が多いのです。さらに驚くのは，ホームページさえ未作成の場合がチラホラあります。

ISOの審査を実施する場合，経営トップ（一般的には社長）インタビューを必ず実施するのですが，そこで「御社の解決すべき内部及び外部の課題は？」と質問します。この質問に対して，「人手不足です」と回答する社長のなんと多いことか（90％以上の方がそう答えます）。人手不足を解決すべき課題としながらホームページが未作成とは，公共工事受注を目指していながら経審を申請していないのと同様に思えるのですが…。

人材を採用したいのであれば，求職者が疑問に思うこと，不安に思うことに対して，潜在的な内容を含めて理解できる内容のホームページを作成してください。ホームページも未作成な状態で人手不足を嘆いても的外れです。なお，もちろんホームページはレスポンシブウェブデザイン（スマホ対応）が必要であることはいうまでもありません。

### 第２条　自己満足的な内容はダメ

社長にとって「善（よ）かれ」と思って実施していることも，実は第三者が客観的に見るとマイナスなことがあります。例えば，ある会社に訪問した場合，そのフロアで執務している10名ほどの従業員全員が立ち上がり大きな声で「いらっしゃいませ」とあいさつします。これは，訪問者にとって気持ち良いことでしょうか？　私ですとかえって恐縮してしまい困惑します。また，始業時間前に毎朝，会社周りを従業員全員で掃除することは地域貢献として素晴らしいことですが，求人募集する際は……。

前述の従業員全員が立ち上がりあいさつすることは即刻やめたほうがよいかもしれません。また，ホームページには従業員全員が立ち上がりあいさつすることも，始業時刻前に毎朝，会社周りを従業員全員で掃除することも記載しないほうが賢明です。なぜなら，従業員全員のあいさつは，「私はしたくない」と思う求職者もいるでしょうし，始業時刻前の掃除については，「サービス残業？」なんて疑問を持たれるかもしれません。

始業時刻前の掃除のように社会的には正しい行いも，求人募集の際にはマイナスに働いてしまうことがあることもご理解ください。要は，過度なPRはやめるべきということです。求職者が不安や戸惑いを感じる可能性のある記載は避けるべきです。

### 第３条　「当社のココがすごい！」の列挙はしない

自社自慢は時と場合によって必要なときもありますが，やみくもに行うと嫌味になりますし，滑稽ともとられる可能性がありますから適度な自慢にとどめておきましょう。

また，その「適度な自慢」の根拠は必ず記載すべきでしょう。例えば，空調設備業者さんの場合，「当社はお客様である店舗・工場にとってなくてはならない存在であり，非常に喜ばれています」と表記する場合，その根拠として，「当社は休日・夜間を問わず365日24時間対応ですから」と表記しておけば，求職者にとって，「この会社は本当に店舗・工場に喜ばれているんだなぁ」と理解できます。

さて，ここで注意点ですが，求職者は次のように思うかもしれません。「365日24時間対応ということは，正月や夜中にも仕事しなくてはいけないのか。大変そうだなぁ」と。

そこは先を見越しておいて次のように記載しておきましょう。「当社はお客様である店舗・工場に大変喜ばれ，なくてはならない存在とされています。なぜなら365日24時間対応をしているからです。当社に入社された場合，月に１回ほど24時間対応のための待機業務が回ってきますが，この待機業務が実は社員に人気です。なぜなら，お客様への出動の可能性は非常に低いのですが，待機手当が支払われるからです。待機を自ら申し出る社員もいるくらいです」と。

### 第４条　先輩社員の「仕事のやりがい」の伝えすぎはやめよう

自社採用サイトにこれでもか！　と列挙してある先輩社員が伝える「この会社は最高です」「うちの会社の仕事はやりがいがあります」を閲覧した求職者がどのように思うのかを考えたことはありますか？

もちろん素直に「へぇ～そうなんだ」と思う求職者もいるでしょうが，多くの求職者は「本当かな？」と思うのではないでしょうか。なぜなら，先輩社員とは既存社員であり，求人募集している企業の身内ですよね。

例えば，工務店の顧客向けのホームページで，その工務店の社員が「当社が建てる家は最高です」と伝えたところで，家を建てたいと思ってそのホームページを閲覧した方からすると何も感じないか，「本当かな？」と疑念を抱くのではないでしょうか。なにしろ身内の意見ですから。

自社製品に置き換えると理解していただけると思うのですが，求人用のサイトではそのことが理解しづらいのですね。もちろん，先輩社員の感想として，仕事の内容や１日の流れなどを伝えるのは悪いどころか効果があると思いますが，何事も「過ぎたるは猶及ばざるが如し」なのです。

仕事のやりがいは主観であり，求人企業が過度に伝えることではないのです。伝えるのであれば，やはり根拠が必要なのです。

### 第５条　社長のパーソナリティーが見えないのはダメ

中小企業はすべて社長次第です。これは求職者にとっても同じです。

大企業に入社して40年以上勤務した場合，社長と１回も口をきかない従業員のほうが多いと思いますが，中小企業の場合，社長とは毎日話をするかもしれませんし，一緒に食事をすることもあるでしょう。中小企業の従業員にとって社長は身近な存在であり，会社の命運を握っている重要な人材なのです。その社長の情報が入手できない企業は，就職先から外されてしまって当然といえるでしょう。

「求人票」と自社採用サイトには，社長の「会社への想い」「人材への想い」「顧客への想い」を余すところなく掲載すべきです。その“想い”に賛同することができれば，求職者からは「この社長と一緒に働きたい！」と思ってもらえるでしょう。

百聞は一見に如かず。自社採用サイトには社長の写真を必ず掲載しましょう。その場合は笑顔の写真をプロに撮影してもらいましょう。間違っても偉そう，怖そうなどと感じてしまうような写真は厳禁です。ですから偉そうに腕を組んでいる写真なら掲載しないほうがマシです。

腕を組んだ写真はダメ

### 第６条　募集業種以外の業種の記載はしない

これはどういうことでしょうか？

建設業者として施工管理業務を担当する人材を募集する「求人票」や自社採用サイトに建設業以外の業種の募集は掲載しないほうが賢明です。

中小建設業者さんの中には，多角経営として他業種を経営している場合がありますが，そのことは求人募集の際，あえて掲載する必要はありません。求職者の身になって考えてみてください。

もし系列会社が焼き肉店を経営している場合，求職者の方は，施工現場で技術者として活躍したいにもかかわらず，「もしかしたら，焼き肉店の業務を手伝わされるかもしれない」と考えてしまうかもしれません。このようなリスクを連想させる記載をあえて記載する必要はないのです。ただし，例外もあります。例えば次のような記載方法です。

「当社は別組織で焼き肉店を経営しています。ですから社員割引で美味しい焼き肉を食べてくださいね。もちろん，焼き肉店を手伝ってもらうことはありませんのでお客様として利用してください」

前述のように福利厚生の根拠として記載することは問題ありませんが，求職者の不安を払しょくする内容の記載もお忘れなく。

**第7条　つじつまの合わない内容を記載しない**

求職者にとって就職対象企業・応募対象企業はリサーチ時点では，疑心暗鬼の塊の状態です。その中でつじつまの合わない内容が「求人票」や自社採用サイトに記載してあると不信感につながります。例えば，以下のような場合はいかがでしょうか。

- **勤務時間：8時～17時**
- **休憩時間：12時～13時**
- **年間休日：96日**

勤務時間が8時から17時で休憩が1時間の場合，実働8時間であり，法定休日は105日必要となります。しかし，年間休日が96日では計算が合いませんね。これが不信材料となり，求職者としては「他にもおかしな点があるのではないか？」と思うでしょう。

このような例は，さすがにハローワークの「求人票」に記載する就業時間，休日等の記載欄では稀にしかないでしょうが，他の記載欄からつじつまの合わない内容が発見される場合がありますから「求人票」といえども注意が必要でしょう。

**第８条　やけにアッサリな求人にしない**

「求人票」にも自社求人サイトにも，あまりにもあっさりした最低限の情報しか掲載していない企業が散見されます。求職者にとって知りたい情報や疑問を解消する情報が掲載されていない場合は，応募対象から早々に外されてしまいます。

「求人票」や自社求人サイトには，求職者目線で必要な情報をしっかり掲載しましょう。

### ⑷　長時間労働や休日数が少ないなどの掲載したくない情報はどうするのか？

「求人票」や自社採用サイトに掲載したくない情報もありうると思います。そのような情報はどうすべきなのでしょうか。もちろんあえて記載しないということも可能ですが，良いことばかりが書き連ねられている「求人票」や自社採用サイトだとかえって胡散くさく感じてしまうのは私だけではないはずです。

そもそも欠点が何１つない企業などありえないですし，どのような大企業であっても法令を100％遵守している企業もありえないでしょう。そのことからも「欠点＝掲載したくない情報」として掲載すべきなのです。

では，どのような情報や実態が掲載したくない情報なのでしょうか。

いろいろあると思いますが，休日が少ないこと，残業が多いこと，有給休暇が消化できていないこと，業界ナンバーワンでないこと，儲かっていないことなどが挙げられるでしょう。このような「欠点＝掲載したくない情報」について，表現次第ではマイナスなイメージではなくプラスのイメージを持ってもらえることがあります。まさにリスクは機会・チャンスですね。

では，いったいどのように表現すればよいのでしょうか。例えば，休日出勤が年間30日ほどある場合，次のように表現してはいかがでしょうか。

「当社は現在，休日出勤日が年30日ほどあります。もちろん休日出勤手当はお支払いしていますが，社長自らが『これではいけない』と先頭に立ち，作業効率の見直し・生産性の向上，作業の仕組み化などを進めており，その一環として人材の増員を図っています。今回はそのための人材の増員募集です。あなたもぜひ当社の一員となり，一緒に働きやすい職場・一生安心して働ける職場を創っていただけませんか」

ヒトも組織も完璧はありえないのです。不完全な個所があるのです。その「不完全な個所」に蓋をして隠してしまうよりも正直にオープンにしたうえで賛同を得ることのほうが，はるかに求職者は集まりやすいのです。

### ⑸　人材に対する一番の報酬は何か？ 高級車？ バカンス？ お金？

あなたは何のために働いていますか？

あなたの会社の人材は何のために働いていますか？

人材にとって一番の報酬とは何でしょうか？

**働く理由は，高級車？ バカンス？ お金？**

高級車に乗ること？　南の島でのバカンス？　お金？

もちろん，人それぞれであり答えは1つに絞りきれないと思いますが，ほとんどの人材にとって共通していることがあります。それは，

**自分自身の価値を向上させること**

です。

お金は労働の対価としても報酬としても非常に大切ですが，「お金持ち

＝価値がある」とはいえないでしょう。また，お金は管理次第では消えてなくなるものです。バカンスも体験としては素晴らしく，記憶にも残りますが，継続的に活用できることではありません。高級車もしかりです。高級車は購入したその日から価値が落ちていき，維持費もかかります。

その点，自分の価値はよほどのことがない限り消えません。自身が身につけた力量・能力は劣化することもありますが，間違いなく身についているのです。取得した多くの資格は一度取得したら一生使えます。そして，自分が身につけた価値や磨いた力量・能力はお金に換えることができるのです。

年末ジャンボ宝くじの時期になると宝くじでウン億円当たったらという話題を耳にしますが，宝くじで１億円当たるよりも，年収１千万円稼ぐことができるようになりたいのは私だけでしょうか。「使えば使うほど減るもの＝お金」「使えば使うほど増えるもの＝力量・能力」です。

以上のことから，採用した人材の価値を向上させられる企業は求職者にとって非常に魅力ある企業といえるでしょう。いや，単なる求職者ではなく，「前向き・優秀な求職者」にとって非常に魅力ある企業でしょう。

**前向き・優秀な人材にとって魅力ある企業＝自らの価値を向上できる企業**

逆に人材を単なるコマのごとく使い倒し，消耗させて使い捨てにするような企業は人手不足・人材不足まっしぐらです。その点から見ても膨大な残業時間が日常になっている企業，休日出勤が当たり前になっている企業は人手不足・人材不足に陥り，そのことによりさらに残業時間・休日出勤が増えていきます。まさに負のスパイラルといえるでしょう。

**雇用した人材の価値を向上させないと……**

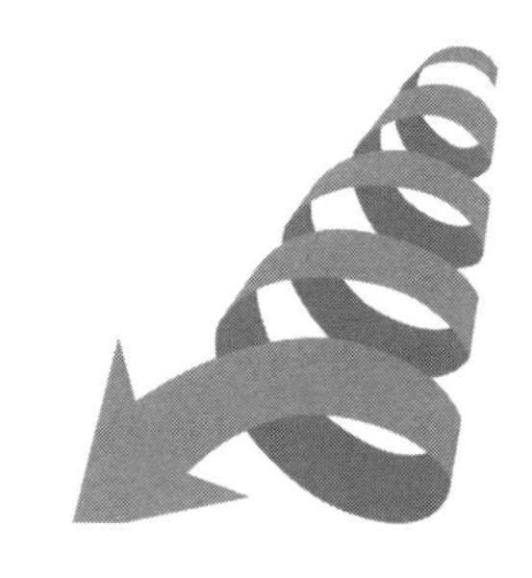

**人手不足・人材不足の負のスパイラルに**

あなたの会社は雇用した人材の価値を向上させることができていますか？

### (6)　自社に人材の価値を認めることができる仕組み（CCUS）があることを伝えよう

前項では，人材の価値を向上させることができれば人手不足・人材不足を解消できることを説明しましたが，そもそも人材の価値をどのように認めてあげればよいのでしょうか。

建設業に従事する人材の価値を認めることができる仕組みはいろいろあると思います。ざっと考えただけでも「保有資格」「職能資格等級」「力量表：スキルマップ」「人事評価制度」「資格手当」などが思い浮かびます。これらの仕組みや制度には一長一短がありますが，その中でも建設業者が活用しやすいのが次の仕組みではないでしょうか。

- **保有資格により価値を認める**
- **「力量表：スキルマップ」から価値を認める**
- **職能資格等級から位置付けられた等級により価値を認める**

他に人事評価制度も挙げられますが，多くの人事評価制度は，評価基準がなかったり，非常にあいまいであったりするので人材の価値を認める根拠としては物足りません（もちろん，評価基準が非常に明確で人材の価値を向上させることができる人事評価制度は存在しています。そのような人事評価制度については後述します）。

そして，前述した保有資格，「力量表：スキルマップ」，職能資格等級以上に人材の価値を認めてあげることができる仕組みこそがCCUSなのです。

CCUSは，職種ごとに38種類の能力評価基準が設定されています（2022年6月現在。次頁表参照（国土交通省サイトより））。

●●●能力評価基準一覧

| 電気工事 | 橋梁 | 造園 | コンクリート圧送 | 防水施工 |
|---|---|---|---|---|
| トンネル | 建設塗装 | 左官 | 機械土工 | 海上起重 |
| PC* | 鉄筋 | 圧接 | 型枠 | 配管 |
| とび | 切断穿孔 | 内装仕上 | サッシ・CW** | エクステリア |
| 建築板金 | 外壁仕上 | ダクト | 保温保冷 | グラウト |
| 冷凍空調 | 運動施設 | 基礎ぐい工事 | タイル張り | 道路標識・路面標示 |
| 消防施設 | 建築大工 | 硝子工事 | ALC | 土工 |
| ウレタン断熱 | 発破・破砕 | 建築測量 | | |

*　PC＝プレストレストコンクリート
**　サッシ・CW＝カーテンウォール

これらの38種類すべてについて「就業日数」「保有資格」「経験」を根拠にしたレベル1～レベル4が設定されています（レベル4が最高）。

参考として「建築大工」と「とび技能者」の能力評価基準を以下に掲載します。

## ●●●建築大工技能者

| 呼　称 | | 建築大工技能者 |
|---|---|---|
| レベル4 | 就業日数 | 10年（2150日） |
| | 保有資格 | ◇登録建築大工基幹技能者〔00032〕<br>◇優秀施工者国土交通大臣顕彰（建設マスター）〔91001〕<br>◇安全優良職長厚生労働大臣顕彰〔93001〕<br>◇卓越した技能者（現代の名工）〔94001, 94002〕<br>◇技能グランプリ（金賞・銀賞・銅賞・敢闘賞）〔95101, 95102, 95103, 95104〕<br>●レベル2，レベル3の基準の「保有資格」を満たすこと |
| | 職長経験 | 職長してての就業日数が3年（645日） |
| レベル3 | 就業日数 | 7年（1505日） |
| | 保有資格 | 以下の資格のうち2つ以上<br>✓1級又は2級建築大工技能士〔10601, 10602〕　✓枠組壁建築技能士〔30007〕<br>✓1級又は2級建築施工管理技士〔30007, 30008〕<br>✓1級若しくは2級建築士〔30002, 30003〕又は木造建築士〔30004〕<br>✓職業訓練指導員（建築科・枠組壁建築科・プレハブ建築科）〔30091〕<br>✓木材加工用機械作業主任者技能講習〔40001〕　✓建築物の鉄骨の組立て等作業主任者技能講習〔40012〕<br>✓足場の組立て等作業主任者技能講習〔40011〕　✓木造建築物の組立て等作業主任者技能講習〔40019〕<br>✓青年優秀施工者土地・建設産業局長顕彰〔92001〕　✓プレハブ建築マイスター〔30092〕<br>✓認定ログビルダー〔30093〕<br>●レベル2の基準の「保有資格」を満たすこと |
| | 職長・班長経験 | 職長または班長としての就業日数が0.5年（108日） |
| レベル2 | 就業日数 | 3年（645日） |
| | 保有資格 | ●丸のこ等取扱作業者安全衛生教育〔60010〕<br>●足場の組立て等作業従事者特別教育〔50052〕又は　足場の組立て等作業主任者技能講習〔40011〕 |
| レベル1 | | 建設キャリアアップシステムに技能者登録され，レベル2から4までの判定を受けていない技能者 |

※　●印の保有資格は，必須。◇印の保有資格は，いずれかの保有で可。〔　〕は，ccus職種コードを示している。
※　就業日数は，215日を1年として換算する。

## ●●●とび技能者

| 呼　称 | | とび技能者 |
|---|---|---|
| レベル4 | 就業日数 | 12年（2580日） |
| | 保有資格 | ◇登録鳶・土工基幹技能者〔00016〕<br>◇優秀施工者国土交通大臣顕彰（建設マスター）〔91002〕<br>◇安全優良職長厚生労働大臣顕彰〔93001〕<br>●レベル2，レベル3の基準の「保有資格」を満たすこと |
| | 職長経験 | 職長としての就業日数が7年（1505日） |
| レベル3 | 就業日数 | 8年（1720日） |
| | 保有資格 | ◇1級とび技能士〔10901〕<br>◇1級又は2級建築施工管理技士〔30007, 30008〕<br>◇1級又は2級土木施工管理技士〔30005, 30006〕<br>◇以下の資格のうち3つ以上<br>✓2級とび技能士〔10902〕　✓レベル2の12資格（※）<br>●レベル2の基準の「保有資格」を満たすこと |
| | 職長・班長経験 | 職長または班長としての就業日数が2年（430日） |
| レベル2 | 就業日数 | 3年（645日） |
| | 保有資格 | ●玉掛け技能講習〔40040〕　●職長・安全衛生責任者教育〔60001, 60011〕<br>●以下の12資格（※）のうち1つ以上<br>✓足場の組立て等作業主任者技能講習〔40011〕　✓型枠支保工の組立て等作業主任者技能講習〔40010〕<br>✓地山の掘削及び土止め支保工作業主任者技能講習〔40005〕　✓高所作業車運転技能講習〔40039〕<br>✓建築物等の鉄骨の組立て等作業主任者技能講習〔40012〕<br>✓木造建築物の組立て等作業主任者技能講習〔40019〕<br>✓コンクリート造の工作物の解体等作業主任者技能講習〔40014〕　✓小型移動式クレーン運転技能講習〔40031〕<br>✓車両系建設機械（整地・運搬・積込み用及び掘削用）運転技能講習〔40035〕<br>✓車両系建設機械（解体用）運転技能講習〔40036〕<br>✓車両系建設機械（基礎工事用）運転技能講習〔40037〕　✓ガス溶接技能講習〔40032〕 |
| レベル1 | | 建設キャリアアップシステムに技能者登録され，レベル2から4までの判定を受けていない技能者 |

※　●印の保有資格は，必須。◇印の保有資格は，いずれかの保有で可。班長については職長教育を修了した者とする。〔　〕は，ccus職種コードを示している。
※　就業日数は，215日を1年として換算する。

（出所）https://www.mlit.go.jp/totikensangyo/const/totikensangyo_const_fr2_000040.html　より

あなたの会社がCCUSを導入しているということは，人材の価値を認めてあげることができる仕組みが機能しているということです。

建設技能者の価値を認めたうえでCCUSを人材の定着に活かすべきなのです。

自分の価値を認めてもらうということは人材にとって嬉しいものです（マズローの欲求５段階説においても生理的欲求，安全の欲求の次は承認欲求です）。

人は誰でも認められたいし，認めてほしいのです。第三者から客観的評価で認められるのであればなおさらでしょう。このことからもあなたの会社はCCUSを導入したうえで，人材の価値を認めることができる客観的な仕組みを導入済みであることを積極的にアピールすべきなのです。

このような説明をすると「CCUSは多くの建設会社で導入しているので自社独自のアピールができないのでは？」と思われる方が出てきます。これは正しいのでしょうか。確かに多くの建設業者はCCUSに取り組むことになるでしょう。ただし，積極的にCCUSを活用しようという建設業者ばかりではありません。非常にもったいないのですが，仕方なくCCUSを導入した建設業者もあるでしょう（本書は，そのようなもったいない建設業者の方向けにも書いています）。

ちなみに「求人票」や自社採用サイトに次の記載があるトラック運送業者について，あなたならどのように思いますか？

●●●トラック運送業者の自社採用サイト

当社は，新人ドライバーを採用した際，座学講習と実車指導を15時間以上行い，さらに20時間以上にわたり安全な運転方法を指導したうえで乗務していただいています。

また，すべてのドライバーを対象に「トラックを運転する場合の心構え」「貨物の正しい積載方法」「過積載の危険性」「健康管理の重要性」など全12項にわたる指導及び監督を毎年滞りなく実施しています。

これらの安全への備えこそ交通事故予防につながり当社に勤務していただく本人はもとよりご家族にも日々安心していただいております。

いかがでしょうか。安全管理に気を配っている優良なトラック運送事業者を想像できますね。

しかし，ここに記載された実施内容は法令で決められており，一般貨物自動車運送事業者であれば義務事項であり，未実施の場合は行政処分の対象となるのです。そう！　トラック運送事業者として当たり前のことなのですが，あえて文章にすることにより価値を感じられますね。

実際，法令で決められていることが実施できていない業者もありますから困ったものですが，適切に法令に則り実施している事業者であれば堂々とアピールすればよいのです。たとえ当たり前のことであっても堂々とアピールしましょう。表現は不適切かもしれませんが言ったもの勝ちなのです。

CCUSについて多くの建設業者が導入済みであれば価値がないと思われるかもしれませんが，仕方なく導入している建設業者に比べて，あなたの会社は人材の価値を認めるツールとしてCCUSを使い倒して，人材の価値を認めてください。それを思いっきりアピールするのです。

## 4　あなたの会社が人材を育成できない原因

### (1)　原因１：社長自身に「人材を育成しよう」という気がない

そもそも「人材を育成しよう」などと考えていない社長や企業が多いことも事実です。確かにその日の業務をこなすだけの企業の場合は，育成という着眼点はないかもしれません。

しかし，どのような状況であれ，人材が育成され，その能力が発揮されることにより生産性が向上し，業務処理量が向上することは事実なのです。であれば，人材育成が実現できて一番得をするのは企業であり社長自身なのです。

いいですか！　人材を育成して得をするのは企業であり社長なのです。

### ⑵　原因２：人材育成の仕組みがない

前項をお読みになり，「それは理解できるけど，育成の方法がわからないのだよ」とおっしゃる社長さんがいらっしゃることも事実です。

人材育成の仕組みについては，以下の２つの方法が考えられ，それぞれに良さがあります。

- **新しい仕組みを作る**
- **既存の仕組みを活用する**

手っ取り早いのは，**“既存の仕組みを活用する”**です。そして，活用した後で自社の仕組みに変更する，または足りない箇所を追加して自社の**“仕組みを作る”**のです。

そして，既存の人材育成の仕組みとしてCCUSが活用できます。CCUSのフレームワークを活用して人材育成を試みてください。そのうえでCCUSでは足りない箇所が出てきますので，そこについては自社で人材育成の仕組みを作ればよいのです。

具体的な人材育成の仕組みの策定については，この本でお伝えします。社長御自身が「人材を育成したい！」というのであれば，ぜひ，本書に書いてあることを実践してください。結果はおのずとついてきます。

ここで１つ注意点を述べます。

人材育成の方法で一番ダメなのは，「見て覚えろ，盗め」です。

確かに昭和の時代は，いや，平成の中頃まではそれでも良かったのかもしれませんが，現在では通用しません。そもそも「見て覚えろ，盗め」とは，教える側が何もノウハウを持たないために行う安直な方法なのです。これは“育成手法”ではありません。

人材育成の仕組みを整えることで，通常一人前になるために5年必要な仕事を2年で，3年必要な仕事を1年で身につけることが可能になるのです。

### (3)　原因3：そもそも人材に要求する「要求力量のハードル」が設定されていない

人材育成の仕組みを整える前に，人材ごと，職種・役職・職群ごとに「要求力量のハードル」を設定する必要があります。

「要求力量のハードル」とは，その人材が越えなくてはならない技能・知識・能力・力量の基準であり，身につけるべき技能・知識・能力・力量なのです。「要求力量のハードル」については下図を参照してください。

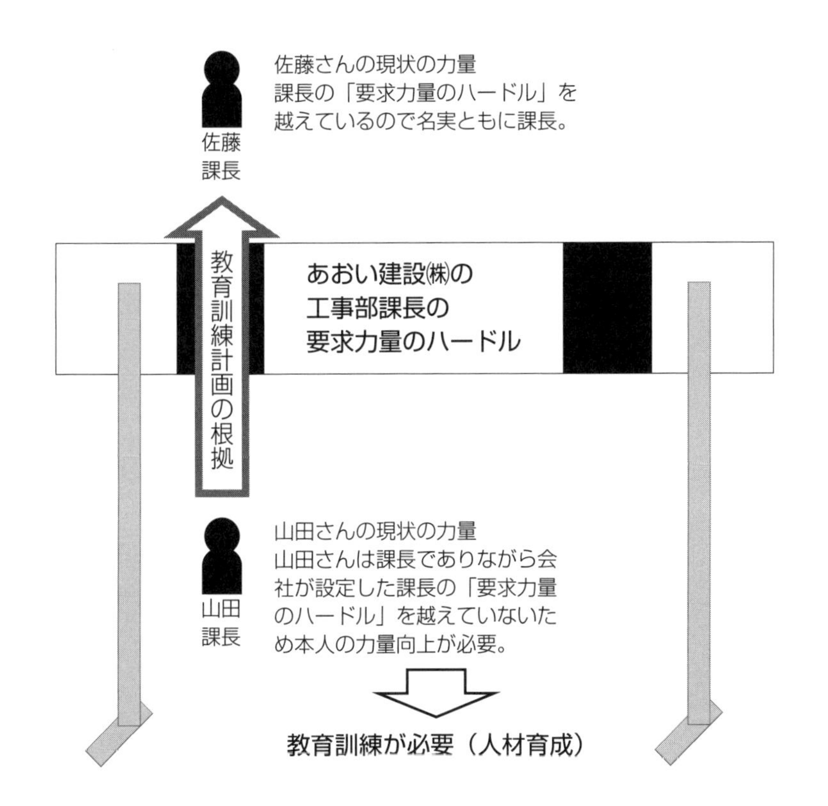

同じ課長である佐藤さんと山田さんがいます。佐藤さんの力量は，会社が設定した課長としての「要求力量のハードル」を越えているので問題ありません。対して山田さんの力量は，ハードルを大きく下回っていますので，ハードルを越えるための育成（教育訓練）が必要であり，要求力量のハードルを越えられないのであれば課長職を解かなくてはなりません。課長としての力量がない人材が課長職に留まることで様々な問題が出てくるからです。

ここでもう1つ非常に重要なことを説明します。

あなたの会社では「教育訓練計画」はありますか？　その「教育訓練計画」に根拠はありますか？　まさか適当に計画を立案していませんか？研修は各部署や人材から上がってきた受講希望を基に計画しているだけではないですか？

これらをすべて否定するわけではありませんが，やはり実のある教育訓練にするためには，「教育訓練計画」にも根拠が必要なのです。その根拠こそが，人材ごと，職種・役職・職群ごとに会社が設定した「要求力量のハードル」と対象人材の「現状の力量」の“差”であり，その“差”は埋めなければなりません。

「要求力量のハードル」を設定しない限り適切な「教育訓練計画」は立案できないのです。

そもそも，人材からすると「要求力量のハードル」が設定されない限り何を目指したらよいのかがわからないし，どのような努力をすべきかが理解できないのです。だから人材が伸びない，人材育成ができない，人材の価値を向上させられないのです。

私はISO9001（品質マネジメントシステム）の主任審査員として様々な業種，様々な規模の企業の審査を数えきれないほど実施してきましたが，その際，作業に就いている人材に質問することがあります。

**「あなたはなぜこの作業を会社から任されているのですか？」**

すべての事象に根拠があります。ましてやISO9001では，当該作業を処理するための力量という根拠が必要なのです。

前述の質問に対して，「さぁ，わかりません」「部長に指示されて」では，正しい回答とはいえません。例えば，市立小学校新築工事における元請業者の現場監督（主任技術者）への同様の質問に対する正しい回答は，「私は１級建築施工管理技士の資格の保持者で，『監理技術者証』を保有しており，社内で社長から任命を受けているからです」でしょう。

そもそも建設業法でも定められていますね。これらが根拠であり，当該ISO9001認証取得建設業者における公共工事の主任技術者となるための「要求力量のハードル」といえましょう。

では，「要求力量のハードル」を明確にしたものとして何があるでしょうか。ざっと考えただけでも以下のものが挙げられます。

- 「職能資格等級定義表」（ただし，具体的な表記であること）
- 「力量表」「スキルマップ」
- 「人事評価表」（ただし，評価基準が明確であること）
- 「力量到達表」（当社が発案した人材育成ツール）

そして，CCUSのレベル１～４の能力評価基準もこれに該当します。

## 5　あなたの会社の人材が定着しない原因

人材が定着しないということは，離職率が高いということですね。

なぜ，人材が辞めてしまうのでしょうか。

繰り返し言います。すべてのことに原因があります。

私自身，数多くの企業の人手不足脱却指導・採用のお手伝いをさせていただいてきた中で，採用はうまくいっているのですが離職率が高く定着しない企業が一定数存在していました。なぜ，そのような事態になるのか。原因特定を試みていく中で見えてきたことがあります。それが，ここまでですでに説明したように「人材の価値を向上させられないから」です。

しかし，どうもそれだけではなく，他にも原因がありそうでした。なぜなら，離職率が高い企業の中には，第三者の私が客観的に見る限り，その企業でまじめに勤めることで自らの価値を向上させることができる組織だと評価できる企業があったからです。では，なぜ，離職率が高いのか。答えは私自身が持っていました。それは，いつも顧客企業に指導していることでした。

**「伝えなければ伝わらない」**

どのような良い行いをしていても，また素晴らしい考えを持っていても，それをうまくPRしなくては伝わりません。そう！　伝えなければ伝わらないのです。「いつかわかってくれる」「地道に活動していれば理解してくれる」は，伝え下手な企業のエゴなのかもしれません。

確かに我が国のように「言わなくてもわかってくれる」「奥ゆかしいのが礼儀」「阿吽の呼吸」の文化では，過度に「私，ここまでやってます！」という人材に対して「なんか鼻につくなぁ」と感じることもありますが，正しい行いであれば堂々と伝えればよいのです。それが個人ではなく組織・企業であれば堂々とPRすべきなのです（求人広告も同様です。ただし，根拠の提示もお忘れなく）。

自社が人材の価値を向上させることができる企業であることの根拠を示し伝えること──これが定着率を高める（離職率を下げる）対策なのです。

では，“自社が人材の価値を向上させることができる企業であることの根拠”とは，どのようなものなのでしょうか。その答えの１つが，私が開発した「力量到達表」です。

「力量到達表」の内容は次のとおりです。

- **入社１週間後にできること（身につけるべき力量）**
- **入社１か月後にできること（身につけるべき力量）**
- **入社６か月後にできること（身につけるべき力量）**
- **入社１年後にできること（身につけるべき力量）**
- **入社２年後にできること（身につけるべき力量）**
- **入社３年後にできること（身につけるべき力量）**

⋮

これらを明文化することにより，人材自身が「私は６か月後にこうなっているんだな」「３年後にはこんな仕事ができるようになっているんだな」と理解できるようになります。要するに自分の○年後の姿が想像できるのです。

また，次のような効果や使い方もあります。

例えば，「力量到達表」はあくまで入社時に上司と本人が決めた育成の進捗スピードですが，それを上回る速さでできることを増やしていく人材も出てくるといったことです。また，人材自身が入社半年後に伸び悩んでいたとしても，すでに６か月で身につけるべき力量は身につけていることを説明して自信を持たせることもできます。

人材を定着させるためには，人材の価値を向上させることはもちろんですが，その向上のスピードと内容を明文化してあげることが必要です。「力量到達表」の活用は人材定着の一助となるでしょう。

第2章

# 建設業こそ"差別化"が重要――「一歩先を行く」建設業者と「のほほん」建設業者の違い

## 1 隣の建設業者より一歩先を行く…イヤ，十歩先を行くべし

当事務所は，行政書士・社会保険労務士事務所として創業30年超，コンサルティング会社として設立27年超ですが，これまで50名以上の人材を雇用してきてわかったことがあります。それは「成果を出す人材」と「成果が出せない人材」には，その行動や考え方に大きな違いがあるということです。

「成果を出す人材」は，情報入手を怠らずに行動が早いということです。

情報入手については，様々な要因があり，一概に皆平等とはいえないのですが，行動が早いということは機会の話で皆平等の条件です。その中で差が出るというのは，明らかに行動力や思考回路に違いがあるということがいえるでしょう。

「成果を出す人材」は，「まずやってみる」人材です。

もちろん怪しい儲け話やマルチに引っかかるヒトのことではありません。それらを見分ける能力が備わっており，さらにリスク管理を怠りなく「やってみる」のです。逆に行動が遅い消極的な人材は，やらない理由を並べ立てる天才でもあります。そのやらない理由を聞いていると，「よほどやりたくないんだなぁ」とある意味，感心してしまいます。

物事には，先駆者利益が存在しています。早く着手することにより得することがたくさんあります。もちろん「慌てる乞食は貰いが少ない」という可能性もありますが，行動が遅い人の多くは，そのような慎重な姿勢からではなく，「面倒くさい」「他の人の様子を見てから」というあまり褒められない理由が多いと思われます。

これは企業についても同じことがいえるのです。

自社を取り巻く状況は目まぐるしく変わっていきます。企業を経営するうえでその状況についていかなくてはなりません。そのためには，一歩先を行く……いや，十歩も二十歩も先を行く経営姿勢が必要です。

建設業者を取り巻く状況も例外ではありません。本章では，情報入手も行動も早い**「一歩先を行く」建設業者**とゆでガエル状態になりうる**「のほほん」建設業者**を対比させながら，皆さんになっていただきたい前者の行動と思考を説明していきましょう。

## 2 一歩先を行く建設業者は新着情報の入手を怠らずに，まず「試して」みる（のほほん建設業者は隣の建設業者の動向次第で常に後手に回る）

ちょっとしたことで得をする場合，損をする場合があります。その差がわずかであればよいのですが，差が大きかったり，後々に尾を引いたりする場合が結構あります。

対応を迅速に行うのか否か以前に，常に最新の情報を手に入れておきたいものです。私も多くの建設業者さんを顧客に持つことから業界紙を購読し，電子版会員になったりして情報入手に努めています。

インターネットの普及により情報の入手は以前よりも格段に容易になりました。ただ，その分，様々な情報が交錯しており，価値のある情報，価値のない情報もしくは害となる情報があります。これらは無料で入手できる情報ですから仕方ないのかもしれませんが，多忙を極める私や社長さんたちにとっては，“害となる情報”は非常に厄介です。

以上のことから，私が行きつき，学んだことは「優良な情報はお金で買う」ということです。お金を支払う相手は，新聞，書籍，有料ネット情報，専門家です。中には，優良とはいえない書籍や信用できない専門家も混じっているかもしれませんが，書籍の場合，特に商業出版書籍であればほぼ信用できると思いますし，専門家については，専門家たるゆえん（根拠）を確認すればわかりますね。

優良といえる価値のある情報を入手した後はどうするのでしょうか。ここからが重要です。ほとんどの方は，「ウチには関係ない」と素通りしてしまうのですが，一歩先を行くあなたはまずは試してみてください。試すために大きなリスクがある場合や，大金をつぎ込まなくてはならない場合でない限り（その場合は別です），まずは「試す」のです。

この「試す」には，さらに情報を入手する，実際に試した方から情報を入手する，無料プランを活用する，説明会に参加する，同業者に相談してみるなど様々な方法がありますので，自社やトレンドに合った方法で試してみましょう。

ただ，気をつけていただきたいこともあります。同業者に相談する場合，やたらと否定的なことばかり並べ立てる方もいますので，そのような方の意見は，ありがたく頂戴しながらも多少間引きして受け取りましょう。

**情報入手は経営者の務め**

です。

## 3 一歩先を行く建設業者はCCUSを導入し活用する（のほほん建設業者は「CCUS って何？」「同業者も未だ導入していないから…」と言いがち）

私は，国土交通省や一般財団法人建設業振興基金の回し者ではありませんが，CCUSは良い制度だと思っています。

このような新制度ができると，とにかく懐疑的な思いを持ち粗探しをしたり距離を置こうとしたりする方が出てくるのですが，いかがなものなのでしょう。

国土交通省が推奨している仕組みであることと，その対象業者が許認可業種である建設業者であることを考慮すると，CCUSを広めていく根拠が推察できそうなものなのですが（あくまで私見であり「推察」ですが）…。

私見としては，どうせ導入するのであればさっさと早めにCCUSを導入して，先駆者利益を獲得しておけばよさそうなものだと思います。

実際に，CCUSの導入は経審（経営事項審査）の加点項目になっていますし，他にも活用次第で良いことがたくさんあるのです。

一歩先を行く建設業者は，CCUSを導入して使い倒せばよいのです（のほほん建設業者は，取り残されなければよいのですが…）。

私は今でも主任審査員として年間50回ほどのISO審査を担当しています。多くは建設業者なのですが，ISOに取り組んでいる建設業者でさえ（ということは公共工事の受注額が多い），CCUSへの対応は真っ二つに分かれている印象です。

１つ目は，早い時期にCCUSの事業者登録も技能者登録も済ませている建設業者であり，２つ目は，未だに事業者登録さえ済ませておらず，CCUSがどういったものかを理解していない，のほほん建設業者です。ちなみに，後者はCCUSの導入に消極的なわりに総合評価の加点項目を少しでも増やすために躍起になっていることが多く，その姿勢を見ると滑稽に思えてしまいます（失礼！）。

前者の早い時期にCCUSを導入した建設業者は，皆，早めに対応しておいてよかったとの感想を口にされます。さらにCCUSを徹底的に活用しましょう。

「新しいことはやりたがらない」という無気力な社員はいたるところに存在します。本章の冒頭で，消極的な人材の新しいことをやりたくない言い訳はまさに天才的であると言いましたが，私としては，「そこまでしてやりたくないのか，面倒くさいのか！」と半ばあきれてしまいます。このような無気力な振る舞いは社員だけで十分です。社長までこの無気力な社員の考え方に引っ張られてはいけません。社長はやるべきことを見極め，新しいことに挑戦してください。

**食わず嫌いは非常に愚か／まずは食ってみる**

です。

## 4 一歩先を行く建設業者はCPDを技術者の人材育成に活用する（のほほん建設業者は入札対策や経審対策だけのために嫌々，技術者にCPDを受講させている）

建設業者のISO審査の場ではCPDについても必ず確認します。

私が担当したISO審査先である建設業者は，数年前までほぼ例外なく，総合評価の加点のためだけにCPDを受講していました。ただ，最近変化が表れています。技術者の育成や情報入手の手段として，CPDを活用している建設業者が増えてきたのです。

これは非常に望ましいことだと思います。どうせ受講料を支払い（無料の場合もありますが），時間を費やし，受講するのであれば役立てないともったいないです。

CPD（土木の場合はCPDS）は，内容が多岐にわたっています。

基本的には技術者が知識を継続的に開発できる内容であり，精査された講義内容ですから，すべて価値があるのでしょうが，技術者がすでに保有している知識もしくは足りない知識はそれぞれですから，「足りない知識」「さらに向上させたい知識」「ほしい情報」を得られる目的で受講されるとよいでしょう。

最近では，Zoom等の遠隔受講ができるCPDがありますから利用しやすくなりました。

**どうせ受講するなら徹底活用しよう**

です。

## 5 一歩先を行く建設業者はISO9001を使い倒すか，割り切って最低限の取組みにする（のほほん建設業者はISO9001や審査員に振り回される）

2000年頃から建設業者におけるISO9001・ISO14001認証取得ブームが到

来しました。

私がISO審査業務に関わりはじめたのは1998年です。当時は，ISO9001も1994年版でしたが，2000年頃から始まった建設業者における認証取得ブームを肌で感じていました。私は，審査登録機関の審査員としてはJISの発行元でもある日本規格協会で活動を開始し，行政書士・社会保険労務士として初の主任審査員となり，その後，外資系（英国）審査登録機関に移り現在があります。

以上のように，建設業者のISOへの取組みを25年ほど確認してきた身として感じるのが本項の表題です。

前項，前々項では，CCUSもCPDも使い倒すことが得であることを説明しましたが，ISO9001については使いこなすには少々ハードルが高いと感じている組織が多いようです。であれば，割り切って最低限の仕組みとしてISO9001を運用して日常業務の妨げにならないようにすればよいのです。

そもそも公共工事を受注している建設業者であれば，ISO9001の要求事項の７～８割くらいはすでに対応済みなのです。

●●● ISO9001と公共工事の関係

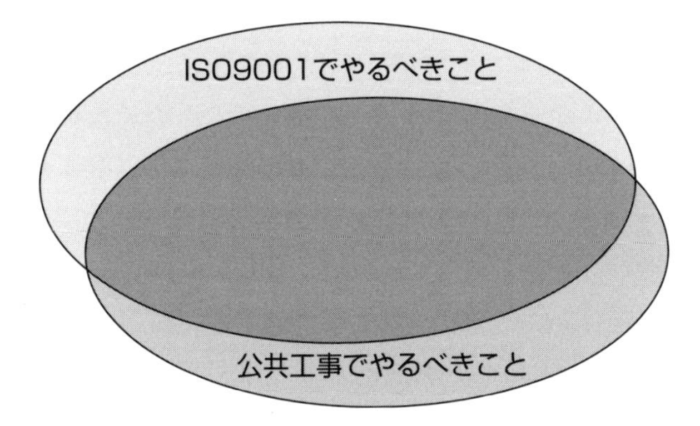


ISO9001については，1994年版が製造業向けの規格であったこと，また製造業での認証取得ブーム到来後の2000年以降に建設業におけるISO9001認証取得ブームが到来したこともあり，建設業者に指導するコンサルタン

トが少なかったため，建設業者がISO9001に取り組む場合，製造業出身のISOコンサルタントにより製造業向けの過分な仕組みが構築されるといったことが起きてしまいました。

実際，「施工計画書」「現場代理人」「出来形管理」の文言の意味さえわからない製造業出身のISOコンサルタントからコンサルティングを受けた不幸な建設業者を審査の場で多々見てきました（製造業出身のISOコンサルタントであっても，審査員として建設業者の審査を担当した経験があればそのような不幸な指導はしないと思いますが）。

前述のように公共工事を受注している建設業者は，ISO9001の要求事項の７～８割はすでにできているので，その内容を自社のISO9001の仕組みに反映させ，マニュアルに規定すればよいのですが，それは横に追いやり，製造業の重たい仕組みを無理やり建設業に置き換えて仕組み化しているのです。

私たち審査員は，審査の場ではコンサルティングは禁止なので，そのような重たい仕組みで苦しんでいる建設業者の審査に出くわした場合でも，「よくおやりになっていますね」と伝えるのみなのですが，内心では「非常に気の毒だな。この４分の１くらいの簡素な仕組みにできるのに」と心の中で呟いてしまいます。

ISO9001を使いこなさなくてもよい，使いこなしたくないのであれば，ぜひ，日常業務の妨げにならないようにギリギリまでスリム化することをお勧めします。スリム化についてわからない場合は私にご一報ください。

ISO9001を使いこなせる組織であれば，ぜひ，使いこなしてください。

実はISO9001は様々なことに活用できるのです。

「ISO9001で○○を実現したい」の“○○”としては，次のようなものがあります。

- ISO9001で安全作業現場を実現したい
- ISO9001で人材育成を成し遂げたい

- ISO9001で実行予算管理を実施したい（精度を上げたい）
- ISO9001で協力業者の管理を行いたい
- ISO9001で施工品質を向上させたい・不良施工を防止したい
- ISO9001で発注者から振り出される評価点数を向上させたい

他にもいろいろ考えられます。

そもそも，第1章で説明した「要求力量のハードル」も「カンタンすぎる人事評価制度」もISO9001と徹底的に向き合ってきたご褒美として考え付き，開発できたと思っています。

余談ですが，本書は私の12冊目の商業出版書籍です。巻末に記載のとおり，これまでの書籍のタイトルは人事評価制度，事故削減，ISO，残業削減など様々ですが，実はすべての根底にあるのがマネジメントシステムであり，PDCAなのです。ですから私はマネジメントシステム・PDCAの専門家なのです。このように公言できるのもISO9001・ISO14001・ISO22000・ISO39001・ISO45001の主任審査員として徹底的にマネジメントシステム・PDCAに向き合ってきたからです。

マネジメントシステム・PDCAの専門家として申し上げたいことが，前述にもあるように「ISO9001は様々なことに活用できる」ということなのです。

ですから，あなたの会社がISO9001を認証取得済みであれば，使い倒すことも検討されてはいかがでしょうか。もちろん，CCUSやCPDとも連動させて運用することもできます。

前述のようにISO9001を使い倒したり，最低限の仕組みで運用したりする場合は，本項の「のほほん」建設業者のようにISO9001や審査員に振り回されることはないでしょう。

「ISO9001に振り回される」とは，ISO9001の規格要求事項ありきで自社の実態がないがしろになってしまうことです。2000年頃からISO9001に取り組んでいる企業に私が常々申し上げているのは「あなたの会社が

ISO9001に寄り添うのではなく，ISO9001をあなたの会社に寄り添わせればよい」ということです。

「審査員に振り回される」とは，次のようなことです。

- 能力の低い審査員の要求に対応してしまう
- 審査を受審するたびに文書量が増える
- 審査員のわがままに付き合わされる　など

このようなことを防ぐためには，言うべきことは言い，審査員を忌避することも必要でしょう。ただし，忌避する場合，正当な根拠が必要であることはいうまでもありません。

**ISO9001を活用するのか？　しないのか？　決定しよう**

です。

## 6 一歩先を行く建設業者は安全対策に万全を期す（のほほん建設業者は安全対策に無頓着か，やっているフリをする）

建設業者にとって一番重要なことは安全だと思います。

業種を問わず安全が担保できない企業は人手不足まっしぐらですし，組織の運営すらままならないでしょう。

作業を処理することに精一杯の建設業者は安全対策に手が回らないことは想像がつきますが，そもそも「安全対策に手が回らないのであれば建設業者をやめるべき」といったら大げさでしょうか。

不良施工，手抜き工事──不良建設業者と聞いて思い浮かぶフレーズですが，それよりも問題なのが安全対策に無頓着なことです。さすがにISOで現場審査を実施する場合，ノーヘル状態の作業員にはお目にかかりませんが，街を歩いていたり，車で走っていたりするとノーヘルで作業している作業員，足場を２階から１階に落としている作業員に遭遇することがあります。このような建設業者が存在すること自体，どうなのでしょうか。

安全対策の重要性は理解しているが，安全対策を行うのではなく，行っていることにする建設業者もあるでしょう。ある意味，これが一番悪質かもしれません。

このような安全対策に無頓着・やっていることにする「のほほん」建設業者は事故の被害者を出す前に淘汰されてほしいと思います。

一般的な建設業者は安全対策を行い，一歩先を行く建設業者は安全対策に万全を期します。

朝礼で行うKY（危険予知），現場巡視，安全パトロール，安全ミーティングも「やっていることにする」のではなく，適切に実施してください。そして，可能な限り体系的なリスクアセスメントも実施してください。

体系的なリスクアセスメントや安全管理については，拙著である『働き方改革に対応するためのISO45001徹底活用マニュアル』（日本法令）を参考にしていただけるとありがたいです。

労働安全衛生マネジメントシステムであるISO45001については，私自身も書籍の執筆だけではなく，コンサルティング，主任審査員活動を行っています。幸いに総合評価等で加点する自治体も出てきており，ここでも実のあるISO45001にしていただきたく思います。

労災事故はゼロで当たり前ですから，安全対策について，日々それほど意識していないのかもしれませんが，重篤な労働災害が発生した場合，「万全な安全対策を施しながら発生した労災事故」と「安全対策が未実施で発生した労災事故」とでは労働基準監督署や社会の受け止め方が異なるでしょう。

CCUSにおいても安全管理は重要な要素であり，CPDにおいても安全対策をテーマにした内容がありますので，ぜひ活用していただきたいです。

**安全対策は手間・ヒマ・お金がかかるが価値は高い**

です。

## 7 一歩先を行く建設業者は公共工事受注の旨味を理解している（のほほん建設業者は下請けに徹する）

私の顧客企業である建設業者さんは大きく分けて次の２種類あります。

| ISOコンサルタント先企業・審査先企業 | 行政書士・社会保険労務士としての関与先企業 |
|---|---|
| • 主に公共工事を元請受注している特定建設業者 | • 主に民間工事を元請受注している建設業者<br>• 協力業者・下請建設業者として受注している一般建設業者 |

両方の建設業者さんと深くお付き合いさせていただいている立場からの意見としては，

**ぜひ，公共工事を元請受注していただきたい**

のです。

元請けと下請けのどちらが良いのかはそれぞれの建設業者の置かれた状況によって違うかもしれません。しかし，１つ明確なことがあります。それは，元請けは下請けに比べて利益率が高いということです。これは，建設業のみならず，製造業にしても，運送業にしても，サービス業にしても不変です。私たちコンサルタント業であっても同様です。

要は，「お客様と直取引できる立場」「お客様を見つけ出す立場」が強いのです。

確かに昨今の建設業界では，職人不足，協力会社不足から元請けとして下請けにお願いすることもあると思いますが，基本的な関係性は前述のとおり元請業者の利益率が高く，コントロールできる立場なのです。であれば，一部の専門工事業者さん以外は元請業者を目指すべきであり，元請工事の中でも不良債権になる確率がゼロの公共工事受注を目指すべきなのです。

ただ，公共工事を受注するということは責任も増し，やるべきことも民間工事に比べてたくさんあります。まさに一筋縄でいかないことが多くあります。例えば，民間の１億円の賃貸マンション新築工事の場合，「施工計画書」も未作成で，最悪，「工程表」も未作成で図面しか作成しない場合もあり，納品文書も非常に少ないことが多いのですが，公共工事の場合は，その10分の１の金額である１千万円の中学校トイレ改修工事であっても「施工計画書」の作成が必要であり，納品文書も膨大です。

以上のように，同じ元請工事であっても，公共工事は民間工事に比べてやるべきことが山積みであるように思えますが，考え方によっては当たり前のことに対応しているだけなのかもしれません。

確かに過度な要求を突きつける公共工事の担当者の存在等を耳にすることもありますが，それは少数例でしょう。また，安全管理・安全対策は前項でも触れたとおり非常に重要であり，公共工事で要求されている安全管理・安全対策は当たり前なのかもしれません。

実際，私のコンサルタント先で，発注者である役所の要求をはるかに超えた安全管理・安全対策を専門の部署を創って実施している建設業者さんもあります。そうなると「○○建設さん？　ああ，安全管理がしっかりしている会社ですよね」となるわけです。

建設業者である以上，そして建設業者として起業した以上，公共工事元請業者として活躍したいと思いませんか？

しかも，公共工事を受注できている建設業者であることを積極的にPRすることにより人材採用にあたっても有利になります。

このような問いかけをすると決まって返ってくる回答が，「今まで下請工事一本でやってきたので，公共元請けといわれても何から手をつけていいのかわかりません」。そして，「公共工事受注に切り替えたい場合，誰に訊いたら教えてくれるのですか？」とも…。

うーん，確かに教えてくれる専門家っているのでしょうか？

行政書士は，建設業許可のことや経審の申請書類を作成して，申請代行をしてはくれますが，建設業自体の経営のことや，「施工計画書」や出来形管理や品質管理については教えてくれません。税理士はさらに教えてくれません。社会保険労務士もしかりです。

私も今でこそ一般建設業許可業者が公共工事に進出するためのコンサルティングを行っていますが，もし，ISOの審査経験がなければ，建設業自体の経営のことや，「施工計画書」や出来形管理や品質管理についてわからなかったと思います。私は建設業での勤務経験はありませんが，幸いなことに20年以上，ISO主任審査員として，公共工事の「施工計画書」を詳細に確認して（計画の文書），実施の記録である，出来形，出来高，安全管理，使用材料，使用機材，写真，安全パトロール記録，施工体系図，KY記録等を役所の担当者同様に確認して（場合によっては役所の担当者以上に詳細に確認します），施工現場における実地審査を確認する膨大な経験があったからこそ，知識が身につきました。

また，建設業者への勤務経験をもとに経営コンサルタントを行っている方もいらっしゃると思いますが，逆に公共工事とは切っても切り離せない知識である経営状況分析，経審の知識については一部の行政書士が保有している知識であり，建設業への勤務経験だけでは保有できない知識ですから，公共工事進出のための知識としては乏しいと言わざるを得ません。

公共工事への進出について教えを乞うことのできる専門家は非常に少ないのですが，私を含め全国に何名かの専門家は存在すると思いますので探してみてはいかがでしょうか。

しかし，私が何よりも重要だと思っているのは，ご自身で調べていただくことです。

「時間を買う」という概念の場合，コンサルタントなどの専門家を活用することは有意義ですが，当事例のように専門家が少ない場合は，ご自身で調べて対応するほうが現実的なのかもしれません。そして何より，自身で調べ上げた知識はかけがえのない財産となりえます。

**ぜひ，公共工事の受注を目指そう**

です。

## 8　一歩先を行く建設業者はノウハウを蓄積している（のほほん建設業者はただ施工しているだけ）

ヒトも企業も業務を処理することで「ノウハウを蓄積して活用できるヒト・企業」と「何も残らないヒト・企業」の２種類に分かれます。

多くのヒトや企業は，後者の何も残らない・何も残せないのでしょうが，経験を財産としてノウハウ化し蓄積したうえでいつでも活用できる仕組みを整えている建設業者もあります。「仕組み」というと大げさですが，実施したことや挑戦したことの情報を社内で共有し，Excelに記録していくだけでよいのです。

そして，使いたいときにExcelの単語検索で検索すれば取り出せるのです。たったこれだけのことを実施できる建設業者と，実施できない建設業者とでは，数年すると大きな差が出ます。

では，どのようなノウハウを蓄積するのでしょうか？

これも当たり前のことばかりです。例えば，安全管理・事故防止，発注者から振り出される高評価点数獲得，実行予算管理，不良施工防止，納品文書作成の各ノウハウなどです。

実は，このノウハウの蓄積についても，ISO9001では要求事項です。審査実施のたびに様々な蓄積ノウハウに触れることができるのは審査員冥利に尽きます。

**ノウハウの蓄積は裏切らない**

です。

## 9 一歩先を行く建設業者は社長が本気で人材採用に取り組んでいる（のほほん建設業者は「応募がないことを嘆くばかり」で行動を起こさない）

これまで何度も，建設業の経営者にとって一番の悩みは「ヒト」についてのことだと言ってきました。数年前までは，お金のこと（売上を含む）でしたが，最近では，ヒトの悩みがお金の悩みを上回るようになったと私は思っています。ただ，その重要な経営課題であるヒトのことについて，あまりにも悠長に構えている建設業者の社長がなんと多いことでしょうか。

建設業は全般的に人手不足ですが，そのような状況下においても人材採用がうまくいっている建設業者もあるのです。そして，それらの建設業者の共通点として，

**社長が本気で人材採用に取り組んでいる**

のです。

ヒトを採用するということは，コンマ28クラスの新品バックホウを購入するよりも大きな買い物なのです。しかも，好きな時に購入できないのです。だからこそ社長自身が本気で人材採用に取り組むべきなのです。

求職者の応募がないことを嘆くばかりで行動を起こしていない社長がなんと多いことでしょうか。そのような社長に「自社に応募してもらうためにどのようなことをしていますか？」と質問すると，「職安に求人票を出しています」と答えるのみです。そして，その求人票の内容を確認すると，とても採用の本気度が伝わってくる内容ではありません。これでは，応募がなくて当然なのです。

ぜひ，社長が本気で人材採用に取り組んでください。そのうえでCCUSやCPSに展開し活用することで，人材の価値を上げることができるようになります。

**社長の役割は会社の一番の経営課題を解決すること**

です。

## 10　一歩先を行く建設業者は人材を大切にする（のほほん建設業者は人材を単なるコマとして扱う）

建設業は人材次第でどのようにでもなってしまう，と考えるのは大げさでしょうか。特に施工管理担当はその色合いが濃いと思います。なぜなら，施工管理担当はその現場の責任者であり，表現を変えると「現場の社長」だからです。

中小企業は社長次第で儲かることもあるし，経営破綻してしまうこともあります。現場も同じではないでしょうか。特に，監理技術者の配置を求められる現場や専任の現場配置技術者を必要とする現場の場合はなおさらです。

これはある意味，営業拠点・支店を任せるようなものです。その営業拠点・支店を任せる人材を大切に扱ってこそ，さらなる発展を成し遂げられるのです。逆にそのような人材を単なるコマとして扱う会社では，良い人材ほど去っていきます。結果，残る人材はそれなりの人材です。

この“それなりの人材”を過度に重宝しないことも必要であり，すべての人材に「いてください人事管理」が必要ではないことを付け加えておきます。

**人材の扱い方でその建設業者の格が決まる**

です。

## 11　一歩先を行く建設業者は自社の存在価値を理解している（のほほん建設業者は自社を建設業としてのみしか認識していない）

これは建設業に限ったことではありませんが，自社の存在価値を理解している経営者・企業は非常に強いです。では，社長のあなたに質問します。

A　あなたの会社の存在価値は何ですか？
B　あなたの会社は何屋さんですか？
C　あなたの会社の品質はどのようなものですか？

Bの質問に単純に「当社は建設業です」と答えた方は，残念ながら他社と差別化することは難しいですし，一歩先を行くことも無理だと思います。でも安心してください。これからいくらでも改善可能です。

A，Bの質問への回答は，今後あなたの会社が建設業以外で収益を上げることを考える場合，いや，建設業者として今以上に繁栄していく場合に大きなヒントとなる回答となります。この回答が明確になれば，それを実現できる人材を育成していけばよいのです。

Cの質問への回答は，今後あなたの会社が深掘すべきことが明確になる回答となります。こちらの回答を明確にできれば，それを実現できる人材を育成していくことができるでしょう。

本項をお読みになった方によっては，「なんのこっちゃ？」「この著者は何が言いたいのか？」と思われる方もいらっしゃると思いますが，「著者の言いたいことはよく理解できます」という方もいらっしゃるはずです。

自社の存在価値を適切に理解していれば，全く関係のない業種に手を出して失敗するということもないでしょう。

本項では，この話はこれくらいにしますが，ここで私が説明している意味が理解できるはずです。

自社を建設業だと単純に捉えている方と，自社は○○業であると自社の存在価値を明確にしている方とでは今後の事業の行方，人手不足解消について大きく異なります。あなたはどちらでしょうか。

**あなたの会社の存在価値を社長のあなた自身が理解しよう**

です。

## 12 一歩先を行く建設業者は３年後・５年後の自社の立ち位置を想定している（のほほん建設業者は来た仕事をこなしているだけ）

本項は，一言でいうと「戦略的な経営ができていますか？」ということです。

食事にたとえると，出された料理を何も考えずにそのまま食べている人と，調味料で味付けを変えてみたり，次回から作り方を変えたりするなどの自分なりの工夫を施して食べる人の差といえましょう。

「依頼された仕事を粛々とこなして何が悪いんだ」とお叱りを受けそうですが，私が伝えたいことはそのようなことではなく，今後，自社がどのような組織になっていきたいのか，解決したい課題は何か，どのような目的を達成したいのかを期限を設定して明確にしていますか？　ということです。

人は漠然と「こうなりたい」と思ってもほぼ100％なれません。

対して，いつまでに（期限を設定して），こうなりたい（達成度判定可能な到達点を設定する）を明確にすることにより達成に近づきます。さらに，その達成のためにどのようなことを行うのかなどの具体的な行動計画を明確にすると達成の可能性が高まるのです。

私が損害保険会社でお世話になっていたころ，先輩のＡ氏は，「いずれ社労士の資格を取りたいと思っている」と言っていました。同僚のＢ氏は「社労士として独立開業します」と宣言していました。ちなみにＢ氏はその時点では社労士資格を保有しているどころか，試験も受けていませんでしたが，３年後に社労士として独立開業しました。Ａ氏は社労士試験合格どころか試験も受けていないと思います。

あなたの会社は３年後の到達点を明確にしていますか？

３年後の到達点として，例えば以下のことを設定します。

- 特定建設業許可取得
- 経常利益30,000千円
- 従業員数20名
- 完成工事高100,000千円
- 経審のＰ点1000点
- 自社ビルの建築に着手する
- １級土木施工管理技士資格者10名
- ○○県における建築工事のＡランク　など

まずは，あなたの会社の３年後の立ち位置を達成度判定可能な明確な表現で明文化してみてください。あまりよくない明文化例として，「皆が活き活きと働ける会社にしたい」などがありますが，“活き活き”の定義も基準も人により異なるのでお勧めできません。

３年後（５年後）の到達点を具体的に明文化できたら，

- その到達点に達するためにはどのような人材が必要なのか？
- その人材が身につけるべき技能・技術・知識・能力・力量は何か？

を明確にして人材育成につなげていけばよいのです。育成のためのプロセスや手法としてはいろいろなものが考えられ，この本でも紹介していきますが，上記の「その人材が身につけるべき技能」については，CCUSが活用できますし，身につけるプロセスとしてCPDが活用できるのです。

このように自社の３年後の立ち位置を明確にして，そこに達するための人材及びその人材が身につけるべき技能・技術・知識・能力・力量を明確にしたうえで人材を育成しつつ企業経営を行っていく場合と，漠然と来た仕事を処理しているだけの場合では３年後の差は明白ですね。

**あなたの会社は３年後にどうなっていたいのですか？**

です。

## 13　一歩先を行く建設業者の監理技術者はマルチタスクで業務を処理する（のほほん建設業者の監理技術者はシングルタスクで業務を処理する）

現場の責任者について，各発注者（行政機関，施主等）により，また建設業法上で複数の呼称があります。例えば，配置技術者，主任技術者，現場代理人，監理技術者，現場監督などがありますが，ここでは特定建設業者の公共工事を意識して，監理技術者という呼称を使用します。

私は，建設業者は公共工事受注を目指すべきとの立場です。その根拠として行政書士・社会保険労務士30年超の経験の中でサポートさせていただいてきた建設業者さんの存在があります。これらの建設業者さんのほとんどが一般建設業者であり下請工事を中心に請け負われています。

一方，ISOコンサルタント及びISO主任審査員として25年近くサポート・お付き合いさせていただいてきた建設業者さんのほとんどは，特定建設業者であり公共工事を中心に請け負われている元請業者さんです。

どちらが良いのか，優れているのかという論点ではなく，どちらの経営が安定しているのかは，どちらの収益が良好なのかを比べてみると一目瞭然で，後者です。

行政書士としての関与先である建設業者さんは毎年，事業年度終了届を作成・提出する関係上，財務内容を把握していますし，ISOコンサルタント・主任審査員としての関与先である建設業者さんについても「経審結果通知書」から財務状況を把握できます。そして，その財務状況を比べたうえでの結論なのです。

以上のことからも，私は「公共工事推し」なのです。もちろん公共工事受注における問題点やデメリットがあることも十分承知していますが，それらを鑑みても公共工事推しです。ただし，問題点があります。それは，**公共工事は納品文書が膨大**であるということです。

その膨大な文書のほとんどを作成しているのが監理技術者です。

そして，監理技術者が発注者（多くは役所）への納品文書を作成するのは現場の稼働が終了した後なのです。その結果，長時間労働となります。

一般的には，現場作業が終了した後に現場事務所で納品文書作成もしくは本社事務所に戻り納品文書作成を行うことになりますね。

「働き方改革」「残業時間規制」については，建設業も例外ではなく，むしろ率先して対応すべき業種といえます。そのような状況下において監理技術者の膨大な労働時間を何とかしなくてはなりません。

ISOコンサルタントや審査の場において，以下のような数多くの優秀な監理技術者を見てきました。

- 実行予算にこだわり徹底的に管理する監理技術者
- 安全に一切の妥協を許さない監理技術者
- 施工現場の５Ｓに徹底的にこだわり実現する監理技術者
- 高評価得点獲得を目指し実現する監理技術者
- 創意工夫項目を徹底的に実現する監理技術者
- 自ら設定した高度な品質基準を実現する監理技術者

そして，

- マルチタスクで業務遂行する監理技術者

です。本項では“マルチタスクで業務を遂行する監理技術者”に焦点を当ててみましょう。

前述のように監理技術者が納品文書を作成するのは，現場稼働終了後の夕方から夜にかけてですが，なぜ，現場稼働中に作成できないのでしょうか。

多くの人は，シングルタスクで業務を処理しているのではないでしょうか？

シングルタスクとは，仕事を同時並行で処理しないことです。

対してマルチタスクとは，複数の仕事を並行して処理することです。

仕事の中にはマルチタスクで処理するには不適切な場合もありますから そのことは除外して考えてみてください。ただ，多くの仕事は並行して処理しても出来栄えに問題はないですから，そのような仕事は並行して処理すればよいのです。

確かに1つの仕事が終わったら，2つ目の仕事に取り掛かり，2つ目の仕事が終わったら，3つ目の仕事に取り掛かるほうが処理しやすいことも理解できますが，有限である時間を活用するためには，並行して処理することが有益なのです。

このことは監理技術者の現場管理と納品文書の作成に留まらず，多くの仕事において共通しているでしょう。この能力を測る方法として次の光景をイメージしてみてください。

忙しそうに仕事をしている人に「チョットいいですか？」と話しかけてみて，何事もなかったように「どうしました？」と聞き返してくれる人はマルチタスク型といえましょう。

逆に「今忙しいので後にしてください」と少々迷惑そうな態度をする人はシングルタスク型といえます。何事にも例外や事情はつきものですが，目安にはなりますね。では，シングルタスク型の人材はマルチタスク型に進化できないのでしょうか？

大丈夫です。マインドセットや訓練次第でマルチタスク型に変身できるでしょう。

要は，経営トップや上司としてマルチタスク型の業務処理方法を要求しているか？　ですね。

そこで興味深い事実があります。一般的に男性よりも女性のほうがマルチタスク型の人材が多いと思うのです。これは，女性が家事を受け持つ場合がまだまだ多く，1つひとつ片付けてから処理していては時間がどれだけあっても足りないために必然的にマルチタスク型になるのでしょう。よく聞く話に，夫に料理を作ってもらうと後片付けが大変ということがあります。妻が料理を作る場合，料理を作りながら片付けていきますよね。これもマルチタスクでしょう。

●●●家事をシングルタスクにたとえると

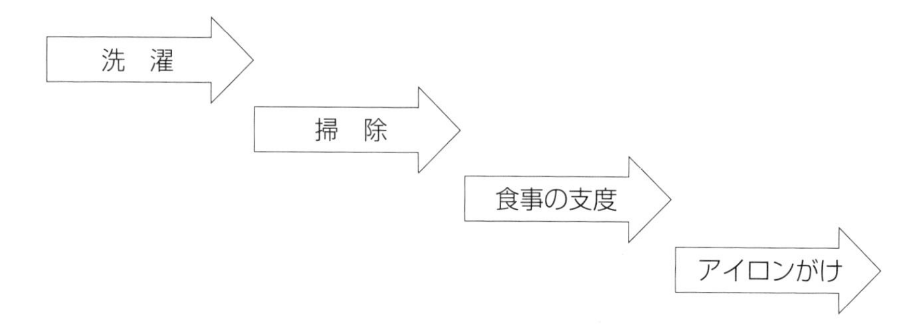


●●●家事をマルチタスクにたとえると

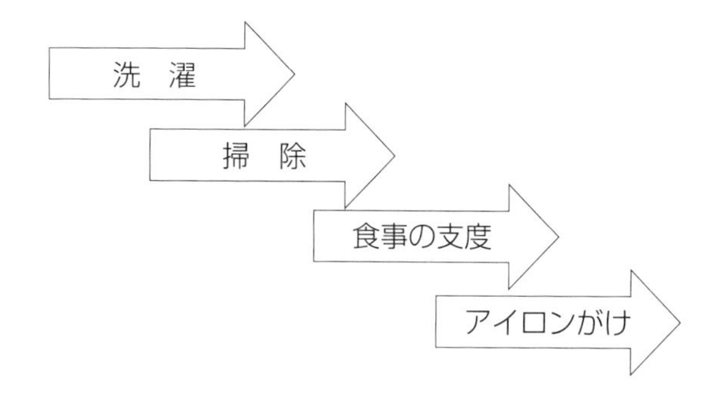


ここ５年ほど，監理技術者のマルチタスク型業務処理を意識してISOコンサルタントや審査をしていますと，仕事のできる（できそうな）監理技術者は現場稼働中に納品文書の作成やまとめをしています。また，数少ない女性監理技術者のほとんどが現場稼働時間中に納品文書の作成やまとめを行っています。

建設業における残業時間削減対策は，マルチタスクで対応しないと難しいでしょう。技能者や職人さんの多くは残業した分だけ，または休日出勤した分だけ売上（報酬）が増えますが，技術者の場合は納品文書作成のために残業しても，休日出勤しても売上は１円も増えません。

増えるとしたら，建設業者が技術者（監理技術者）に支払う時間外労働手当や休日出勤手当です。マルチタスクで納品文書を作成する有能な監理技術者には時間外労働手当も休日出勤手当もなく，シングルタスクでしか業務を処理できない監理技術者には時間外労働手当や休日出勤手当が支払われることに非常に違和感を覚えます。有能な人材が損をしているのです！

あなたの会社でも監理技術者や事務担当者には，今日からマルチタスクで業務を処理することを要求しましょう。

それと，もう１つ検討事項があります。

監理技術者が現場稼働中に納品文書を作ることは非常に有益ですが，すべての納品文書を監理技術者が作成する必要があるのかということです。

このことについては第３章の5及び第７章で説明します。

**あなたの会社の人材にもマルチタスクを求めよう**

です。

## 14　一歩先を行く建設業者は将来を見越して人手不足対策に取り組む（のほほん建設業者は他人任せの人手不足対策）

あなたの会社は人手不足ですか？

「今は何とか回っているので人手不足ではないと思います」と回答したあなた。では，あなたの会社の５年後，10年後，いや20年後は大丈夫でしょうか？　このように先のことを考えると人手不足と無縁の建設業者は皆無ではないでしょうか。

少しでも人員に余裕があるときに次世代の人材を補強しておくことがで

きるのが理想ですね。ただ，それはある意味，先行投資ともなり，経営状況を圧迫することにもなりかねませんので，見極めが必要ではあります。

建設業経営者として一番避けたい考え方は，「今は大丈夫だから」です。

人材はいつ辞めるかわかりません。今日やる気のあることを言っていても，明日事情が変わってしまうこともあるのです。その意味からも人材にバッファを持たせ，常に育成ありきで企業経営をしなくてはならないのです。

ISO審査で伺う建設業者さんの中には，一見，伸びしろがないと思える建設業者さんもあります。例えば，社長を含め12名の技術者のすべてが1級の施工管理技士を取得済みの場合です。これは“伸びしろがない”のではなく，理想的な建設業者像ではないのか？　と思われる方もいらっしゃるかもしれませんが，この12名の技術者全員が50歳越えである場合はどうでしょうか。

社長の代で会社を畳むのであれば問題ないのでしょうが，他の建設業者に修行に出している二代目社長予定者が存在している場合，この年齢構成の人員でどのように未来を描けばよいのでしょうか。

二代目社長予定者がこの会社に入社と同時に声をかけた友人たちが入社してくれるのであればよいのですが，なかなかそのようにうまい具合に事が運ぶとは考えにくいものです。

仮にこのような建設業者が存在しているのであれば，何はともあれ，まずは人材採用・人材育成が優先事項ではないでしょうか。

**人手不足・人材不足の建設業者は生き残れない**

です。

## 15　一歩先を行く建設業者には秀逸な採用専門の自社サイト（ホームページ）がある（のほほん建設業者は自社サイトがないか，あっても単なる会社案内のサイト）

人材を採用する際，最低限必要なものは自社サイト（ホームページ）です。信じられないのですが，未だに自社サイトが未作成の建設業者があります。その会社は人手不足とは無縁な会社なのでしょうか。

私自身，ホームページビルダーとWordPressで10を超える自社サイトや自社関連サイトを自作してきました。素人にしては悪くない出来かもしれませんが，やはり「秀逸」とはいきません。所詮素人なのです。

この本をお読みのあなたは，ぜひプロに自社サイトを作成してもらってください。

ただ，ホームページ作成のプロといっても様々です。制作費用も様々，出来栄えも様々，納期も様々，完成後の修正についても様々，製作ツールも様々，その他も様々です。

１ついえることは，有名なホームページ作成会社だから良いというわけでもなく，高いというわけでもありませんので，知り合いの会社のホームページを確認していき，「コレ！」と思えるホームページに出会えたら，その知り合いの会社からホームページ作成会社を紹介してもらえばよいのです。

そして，何よりも重要なことは，そのホームページの内容です。

**人材採用に特化したホームページになっていること**

これが重要です。

本項の表題に“のほほん建設業者は自社サイトがないか，あっても単なる会社案内のサイト”と書きました。自社サイトがないのは論外です。自社サイトは誰に見てもらうことを想定したホームページなのでしょうか？お客様でしょうか？

民間工事受注を中心に行っている建設業者であれば，お客様向けのホームページが必要ですね。

しかし，公共工事受注を中心に行っている建設業者であればお客様向けのホームページはほとんど意味を成しません。

ホームページの有無で経審の総合評定値が向上するのでしょうか？　入札参加資格のランクが向上するのでしょうか？　総合評価の加点があるのでしょうか？　指名の回数が増えるのでしょうか？

答えはNOです。であれば，それは単なる自己満足のホームページといえるでしょう。

その場合であっても，あえてお客様向けのホームページを作成することは否定しません。

民間顧客向けにホームページを作成することは重要です。もちろん，協力会社向けに作成することも考えられます。

これらの場合は，必ず次の２種類の自社サイトを作成しましょう。

- **顧客をはじめ利害関係者向けのホームページ**
- **求職者向けのホームページ**

また，**一見，顧客向けのホームページのように見えても実は求職者向けのホームページであることが非常に重要**です。どういうことでしょうか？

一般の方には，そのホームページが顧客用に作成されたものなのか，求職者用に作成されたものなのか，区別がつきませんが，それでよいのです。求職者にとっては，求人募集している建設業者の情報を収集しようと思い，顧客向けに作成された（と思っている）サイトをかなり詳しく閲覧します。

その際，あからさまに求職者向けのアピールばかりだと少々辟易としてしまいますし，「本当かな？」と疑いを持つかもしれません。逆に，決して採用目的とは思えないサイトから得られるその会社の情報は，閲覧者にとって比較的スムーズにインプットされます。たとえるなら，売り込まれているつもりはなくても購入してしまったといったようなことです。

何か商品を購入するとき，その商品を販売している店舗に出向き店員さんから説明を受けていると，セールスを受けている立場となり，購買という行為に素直になれない場合があります。対して，友人との会話の中で何気なく当該商品の話になり，友人からその商品を使用して良かったことを聞かされるとその場でネット注文してしまうかもしれません。

以上のことからも，**一見，顧客向けのホームページのように見えても実は求職者向けのホームページであることが非常に重要**なのです。

秀逸なホームページとは，求職者にとって取得したい情報が掲載されており，応募したくなる内容であることはもちろん，明らかに求職者向けに作成されたと思わせないものであることが重要なのです。

また，すべての自社サイト（顧客向けと求職者向け）には，**CCUSとCPDを活用していることを掲載**しましょう。

顧客向けホームページにCCUSとCPDを活用していることを掲載するということは，顧客に対して高度な技能を有している技能者による施工をしていることの裏付けになります。CPDについては，技術者が保有する技術・知識を維持・向上させるための裏付けとなります。

求職者向けホームページについては，CCUSは技能者の価値向上を測るモノサシが存在しているということ，CPDは技術者の技術や知識を向上させるために積極活用していることを伝えることができます。

**求職者向けサイトに思えない求職者向けサイトを作成すること**
です。

## 16　一歩先を行く建設業者は残業時間削減に取り組んでいる（のほほん建設業者は残業時間・休日出勤に無頓着）

「働き方改革」が浸透し，残業時間・休日出勤削減に取り組んでいる建設業者が増えてきていることは身をもって感じています。しかし，この令和の時代でも「この会社は昭和の会社？」と思えるような建設業者が存在していることも事実です。

まさかとは思いますが，「一週40時間労働」さえも守られていない――そのようなヘビーな建設業者のことを本書で説明しても意味がないのでこれくらいにしましょう。

あなたの会社は残業時間削減に取り組んでいますか？

「働き方改革」に対応することは非常に良いことですが，残業時間を削減できずに，年間休日105日としたのであれば意味がありません。

どういうことなのでしょうか？

毎日の仕事の量，質の変更なしに年間休日を80日から105日にしたところで意味がないということです（ヒドイ場合には，25日増えた休日数を労働時間に換算し，200時間分［8時間×25日］）を固定残業代に吸収させる方法：まさかないとは思います。いや，そう思いたい）。

ここで論じたいのは，真の残業時間削減ができているのか？　ということです。一般的に，残業時間削減対策には次のようなものがあります。

- **残業の許可制**
- **ノー残業デーの導入**
- **午後6時に強制消灯**

これら小手先の残業時間削減対策を実施したところで，所詮は“小手先”なのです。

残業の許可制を導入したところで，守られなかったり，事後許可申請になったりして結局は残業時間が削減できないことになります。ノー残業デーの導入についても，隠れて残業したり，ノー残業デー以外の残業時間が膨大になったりします。午後6時強制消灯についても，消灯後の事務所や会社近くのカフェでこっそりと残業するなんてこともあります。

さらに，変形労働時間制については良い制度だとは思いますが，これは時間外労働手当の支払いが削減される制度であり，時間外労働時間自体は変形労働時間制を採用したところで１秒も削減されないのです。

この辺のことは，拙著である『社長のための残業ゼロ企業のつくり方』(税務経理協会）で詳しく説明していますので，こちらもご一読いただけますと幸いです。

以上のような小手先の残業削減対策や，１秒も残業時間を削減できない制度に取り組むより，

- **真の残業時間削減に取り組む**
- **生産性向上に取り組む**

ことが必要なのです。

「働き方改革」で休日数を増やすことも，労働時間を削減することも，固定残業代から実残業代へ移行することも必要な処置ではありますが（仮に真の残業時間削減に取り組む前に実残業代支給に移行した場合，会社の持ち出し費用が膨大になる可能性が高まります)，それらの処置を導入する前に「真の残業時間削減に取り組む」，「生産性向上に取り組む」ことが必要です。

では，どのようにして真の残業時間削減に取り組めばよいのでしょうか？

実はそんなに難しいことではないのです。

場当たり的・小手先の残業削減対策ではなく，仕組みとしての残業削減への取組みを導入しPDCAを回していけばよいのです。本書は，残業削減の本ではありませんので詳しい説明は省きますが，当社では「労働時間削減・生産性向上キャンプ」という勉強会の開催やコンサルティングも実施していますので興味がおありの方は，お問い合わせください。

すでに残業がほとんど発生していない建設業者もあるかとは思いますが，その場合でも，５時間の作業を４時間で，８人で行う作業を７人で行えたらよいと思いませんか？　これも生産性向上なのです。

**残業削減・生産性向上は仕組みで実現する**

です。

## 17 一歩先を行く建設業者は常に「改善できないか？このままで問題ないのか？」を探っている（のほほん建設業者は変化を嫌う）

私が人材関係の業務に携わりはじめてから30年が過ぎましたが，その中での従業員として無気力な人材，消極的な人材の大きな特徴は，

**変化を嫌う**

ということです。

彼らはとにかく変化を嫌います。なぜなら変化は面倒くさいからです。

「このままで良い」「今のままが良い」のです。

組織も同じです。

世の中・社会・業界の変化に対応できない組織はいずれ絶えます。

少し工夫すれば劇的に作業が楽になることにも無頓着で同じやり方を続けているのです。非常にもったいないですね。

逆に常に新しい情報を入手しつつ，問題を未然に防いだり，改善を実現することができる人材は優秀な人材といえます。優秀な人材は，常に「改善できないか？，このままで問題ないのか？」という着眼点で日々業務を処理しています。そして，そのような人材が経営者であったり，管理職を担ったりしている企業は強いのです。

CCUSへの対応もしかりです。

なぜCCUSが導入されるのか，CCUSは今後どのように活用されていくのか――これらは容易に想像ができることです。だからこそ，早めに対応し，さらに使い倒すべきなのです。ひたすら逃げて，「隣の建設業者が導入したら当社も導入しよう」という考え方ではその建設業者の将来は危ぶまれます。

大きなリスク・費用がかからないのであれば，

**まずはやってみる**

という考え方が重要だと思います。

ヒトは年を重ねると何事にも億劫になりフットワークが悪くなりますが，次世代につないでいく企業はそれではダメなのです。

**ゆでガエルにならないこと**

です。

## 18　一歩先を行く建設業者は優良人材を確保している（のほほん建設業者は優良人材確保に無頓着）

一歩先を行く建設業者は，自ら優良人材を採りに行っています。

漠然と口を開けて待っていても，優良人材は採用できません。

私は，決して大金を支払って人材紹介会社に優良人材を紹介してもらってくださいといっているのではありません。優良人材を採用するための様々な施策を施してくださいということなのです。その１つが採用に特化した自社サイトでしたね。

優良人材は自分が勤務している企業に，

- **興味が持てない**
- **自分が成長できない（自分の価値が向上できない）**
- **経営者に賛同できない**
- **顧客に喜んでもらえない**

と判断した場合，去っていくことになります。

このような判断にもかかわらずそのまま継続して勤める人材は，

- **あまり有能ではない人材**

- 自己向上心がない人材
- 50歳以上の人材
- とにかく人間性が良い人材

でしょうか。

だとすると，のほほん建設業者に残る人材は，“とにかく人間性が良い人材”以外，高齢化も伴う，あまり“ありがたくない”人材ということになります。まさに組織のスパイラルダウンです。

あなたの会社は優良人材が勤めることに魅力を感じる組織にしなくてはなりません。

では，優良人材はどのようなことに魅力を感じるのか――それは，すでに説明したとおり，**自らの価値を向上させられることができる組織**であることです。

このことは当たり前なのですが，もう１つ――それは，

**経営が安定しているか**

です。

一昔前は，長期勤務の判断要素としてそれほど前面に出てくる項目ではなかったのですが，最近，特に40歳以下の人材を採用・定着させようとする場合，この「経営が安定しているか」は非常に重要な判断要素となります。なぜなら，判断する人は，本人だけではなく，本人の周りのオーディエンス――そう，配偶者，親も含まれるからです。

本人から見ると配偶者も親も利害関係者ですから，その利害関係者の意見は重要視されるのです。そして，この“経営の安定”の判断要素としては次のものがあります。

- 残業，休日出勤は多くないか
- 有給休暇は取得できているか
- 給料の遅配はないか

- **給料は同業他社に比べて低額ではないか**
- **危険な作業はないか**
- **パワハラ等のハラスメントはないか**
- **福利厚生はしっかりしているか**
- **人事評価制度はあるのか　など**

以上の内容に見劣りがないような建設業者にしていかなくてはなりません。ただ，「人事評価制度はあるのか」については，若干，疑わしさも感じます。当社が2018年９月から毎年25回ほど実施している「カンタンすぎる人事評価制度勉強会」の参加企業から聞き取った話では，内定学生から人事評価制度の有無を訊かれ，「ない」と回答したところ内定を辞退された企業が一定数ありました。

私はこの話を伺ったとき（１社だけではなく，よく聞く話なのです），「最近の学生さんはしっかりしてきたなぁ」と人事制度の専門家としては喜ばしいとも感じたのですが，実は，このような質問の裏には親御さんの存在があります。親御さんとして，我が子の就職先に公平・客観的な人事評価制度が存在しているのか否かは非常に重要な関心事なのでしょう。

大企業では当たり前に存在している人事評価制度（その内容はともかく），中小企業としても人材を雇用するのであれば必須アイテムとなりつつあります。

なお，建設業においては，中小企業の中でも経営が安定している建設業者と判断される重要な要素として，公共工事を中心に受注していることは大きなインセンティブと思われます。そして，公共工事を長期に安定的に受注していくためには中心となる優良人材が必要です。

**優良企業には長期間勤務の優良人材が存在する**

です。

第3章

# 建設業において一番の解決すべき課題――それは人材の問題です

## 1 人手不足業種の代名詞といえる建設業：ヒトの問題を解決できれば建設業者の将来は明るい

建設業者にとっての一番の経営課題は人手不足・人材不足であることは本書で何度も伝えたように疑いの余地がありません。

ということは，この人手不足・人材不足を解消できれば，建設業者の経営課題がほとんど解決できるということです。

ただ，一口に人手不足・人材不足解消といってもどうすればよいのでしょうか。その前に，「人手不足」と「人材不足」の違いを考えてみます。

人手不足とは，単に人材の頭数が足りないということでしょう。

人材不足とは，必要な優秀な人材が足りないということでしょう。

それぞれ対策が異なります。

人手不足の対策としては，とにかく求人に対する応募者数を増やし，その中から採用していかなくてはなりません。

人材不足の対策としては，人材を育成していく必要があります。しかし，人材を育成できない建設業者は人手不足に陥りますので，この２つは切っても切れないといえるでしょう。

ただ，多くの建設業者は人手不足でもあり，人材不足でもあるという状況だと思います。

## 2 「人材採用が容易な建設業者」と「人材採用が困難な建設業者」は一目瞭然

私は，行政書士・社会保険労務士として多くの建設業者さんとお付き合いさせていただき，ISOコンサルタント・主任審査員としても多くの建設業者さんへのコンサルタントもしくは審査を担当させていただいていることは前述のとおりですが，その際，すぐにわかるのが，「この建設業者さんは人材を採用できているな」もしくは「この建設業者さんでは人材採用は難しいな」ということです。

まず，人材の価値を向上させることができる建設業者であるか否かは社長と5分も話していればわかります。なぜなら，社長との会話から人材への想いや人材の価値を向上させる気があるのかを感じ取るからです。問題は，仮に人材の価値を向上させられる建設業者の場合でも，それが自社サイトや「求人票」に記載されていない，あるいは見えないということです。

社長自身が，人材は財産であると理解しており，人材育成についても明確な仕組みがあり，資格者も増えている状況であれば，その建設業者はそのことを根拠とともに記載すればよいのです。

ここで1つ注意点があります。人材育成の仕組みというのは，外部の教育機関に丸投げしたり，社長が傾倒している訓練手法や宗教関係のセミナーに強制的に社員を出席させたりすることではありません。この手の仕組みもどきは，人材採用においてはかえってマイナスに働きますので注意が必要です。

宗教関係のセミナーの場合は，同一宗教の信者が入社することはありますが，それはその会社の人材育成手法に魅力があり入社したわけではありませんね（宗教関係のセミナーで大いに学びがあるセミナーも存在することは，あらかじめお断りしておきます）。

社長が傾倒している教育訓練に社員を強制的に参加させることについても注意が必要です。実際，その社長が傾倒している教育訓練には優れた内容のものも多く，素直な気持ちで参加すれば効果がある場合も多いのですが，

- **社長が傾倒している**
- **強制参加**

というだけで，参加させられる人材からすると負のバイアスがかかってしまうのです。ひどい場合には，訓練参加中に粗探しをする輩まで出てきま

すから，始末が悪いのです。

他社の人材も参加する，外部の教育機関が開催する教育訓練の場合もマナー研修以外，効果はあまり期待しないほうがよいでしょう。それらの教育訓練内容は包括的なものであり，あなたの会社のためだけの独自の内容ではないからです。そのような教育訓練を効果のあるものにしたいのであれば，多少費用はかさんでもあなたの会社のためだけのプログラムにしてもらうことが重要です。

以上の教育訓練についても，全く実施していない建設業者に比べると価値はあるのですが，費用対効果という点では疑問を感じるのです。

では，人材の価値を向上させるための仕組みとはどのようなものなのでしょうか。

●●●人材の価値を向上させるための仕組み

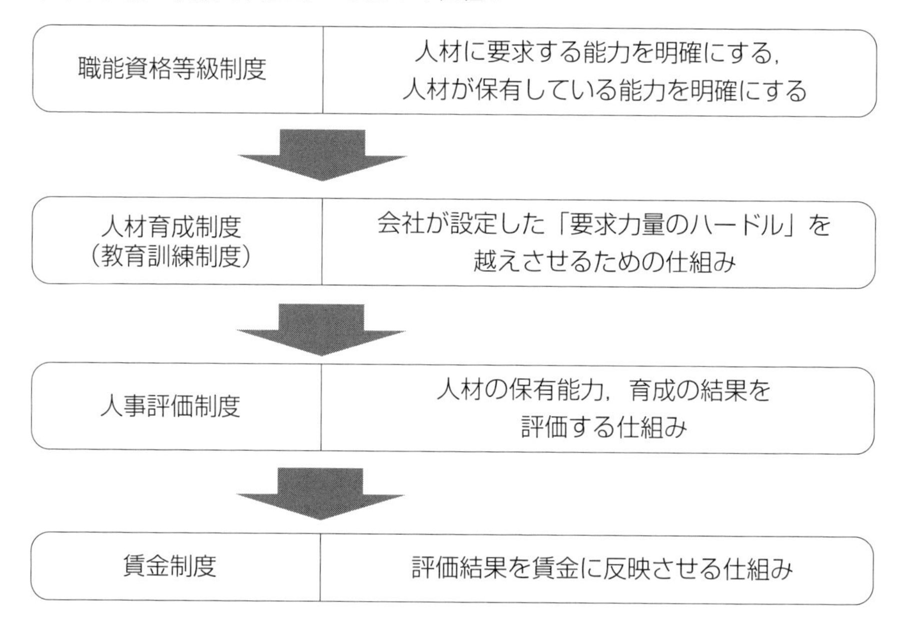


上図は人材の価値を向上させるための仕組みなのですが，一言でまとめると「人事制度」でしょうか。

一般的に「人事制度」というと，「職能資格等級制度」「人材育成制度（教育訓練制度）」「人事評価制度」「賃金制度」を指す場合が多いのですが，それぞれの明確な役割やつながり及びプロセスを全く理解していない方は非常に多いです。要は，「人事制度」というと単に上記の4つの制度（ここではあえて“仕組み”とせず“制度”とします）の総称だと思っているのです。

しかし，この4つの制度を仕組みとして機能させ，それぞれの仕組みをプロセスとして運用しなくては「人材の価値を向上させるための仕組み」としては機能しません。単に人材を等級ごとに割り振る（職能資格等級制度），人材を順位付けする（人事評価制度），賃金構成を決定する（賃金制度）のであれば運用の価値はありません。

では，人事制度の4つの仕組み（ここでは“仕組み”と表記します）を「人材の価値を向上させる仕組み」として実際に機能させるためにはどうすればよいのでしょうか。

**まず「職能資格等級制度」。**

「職能資格等級制度」とは，人材が保有している技能・技術・知識・能力・力量を等級ごとに振り分けていく制度です。例えば，6等級で振り分ける場合，以下のようになります（等級数は組織により異なる）。

| 職能資格等級表 | |
|---|---|
| 6等級 | 経営計画が策定できる，経審Y点向上の仕組みを理解している…… |
| 5等級 | 5千万円超の「施工計画書」が作成できる，積算ができる…… |
| 4等級 | 5千万円までの「施工計画書」が作成できる，1級土木施工管理技士…… |
| 3等級 | 安全パトロールができる，2級土木施工管理技士…… |
| 2等級 | レベル等の測定機器を使いこなせる，出来形を理解している…… |
| 1等級 | 翌日の段取りができる，KYを実施できる…… |

等級の能力は企業により異なり，一概にいえませんが，１等級は，未経験入社の新入社員，数か月～２，３年経験のレベルです。また，これも必ずしも一致しませんが役職との関係は以下のとおりです（目安）。

| 1等級 | 2等級 | 3等級 | 4等級 | 5等級 | 6等級 |
|---|---|---|---|---|---|
| 一般<br>主任 | 一般<br>主任<br>係長 | 主任<br>係長<br>課長 | 係長<br>課長<br>次長 | 課長<br>次長<br>部長 | 次長<br>部長 |

この「職能資格等級制度」とCCUSを連動させましょう。

では，具体的にどのようにCCUSと連動させるのでしょうか。

CCUSは，現在38分野でレベル１～レベル４の能力評価基準が設定されていますので，その能力評価基準と「職能資格等級表」を連動させればよいのです。例えば，「造園」のレベル３の能力評価基準として「１級造園技能士」と「１級造園施工管理技士」が挙がっていますが，造園工事業者における「職能資格等級表」の４等級に「１級造園施工管理技士」，３等級に「１級造園技能士」を設定するなどです。これを上表と掛け合わせると下表のようになります（例）。

<table>
<tr><th>1等級</th><th>2等級</th><th>3等級</th><th>4等級</th><th>5等級</th><th>6等級</th></tr>
<tr><td>一般<br>主任</td><td>一般<br>主任<br>係長</td><td>主任<br>係長<br>課長</td><td>係長<br>課長<br>次長</td><td>課長<br>次長<br>部長</td><td>次長<br>部長</td></tr>
<tr><td colspan="2">CCUSのレベル1</td><td></td><td></td><td></td><td></td></tr>
<tr><td colspan="3">CCUSのレベル2</td><td></td><td></td><td></td></tr>
<tr><td></td><td colspan="4">CCUSのレベル3</td><td></td></tr>
<tr><td></td><td></td><td colspan="4">CCUSのレベル4</td></tr>
</table>

ここで１つ疑問に思う方もいらっしゃるかもしれません。その疑問とは，「CCUSは技能者向けの制度なので，技術者や管理者は関係ないのでは？」ということです。

確かにCCUSは技能者向けの制度ではありますが，**技能者専用の制度ではありません。**もちろん，技能者兼技術者の方も多々いらっしゃいますのでそのような方がCCUSへの登録対象です。

そして，技術者であってもぜひCCUSに登録していただきたいのです。そのことにより本人の励みになることはもちろん，建設業者として対外的にレベルの高い技能者，いや，技能者兼技術者が在籍していることをPRできるからです。そう。「職能資格等級表」は「要求力量のハードル」でもあるのです。実際，協力会社を含め技術者においてもCCUSへの登録を推奨しているゼネコンもあります。

**次に「人材育成制度」。**

先ほどの表記では“人材育成制度（教育訓練制度）”としましたが，“人材育成制度”と“教育訓練制度”は同一ではありません。以下，私見も入りますが下表をご覧ください。

●●●人材育成制度と教育訓練制度

| | |
|---|---|
| **人材育成制度** | **会社が人材に求める「要求力量のハードル」を越えさせるために人材の技能・技術・知識・能力・力量を向上させる仕組み** |
| **教育訓練制度** | **人材が自社の業務処理を可能にするための活動** |

“人材育成制度”は，意図的に運用しないと成り立ちません。

“教育訓練制度”は，何となくでも成り立つことがあります。その代表格がOJT（On the Job Training：日々の仕事を通じての習得方法）ですね。OJTは先輩について実地で業務処理方法を覚えるという一見まともな教育訓練制度と思えるかもしれませんが，少なくとも“制度”とはいえませんし，早い話「見て覚えろ，盗め」という教える側が教えるノウハウを何も持たない安直な方法といえます。ひどい場合には，「背中を見て覚えろ」，さらに安直なのは「イズム」で片付けられます。

確かに，社長の経営や顧客に対する考え方を部下に叩き込むために「イズム」と唱えることは一概に“安直”とはいえませんが，もう少しロジカルな手法で部下に浸透させたいものです。

以前，ISO9001の審査で「教育訓練計画表」を確認したところ，たった1行“OJT”と記載されている受審企業があり，思わず苦笑してしまいました。

私はOJTがすべて悪いといっているのではありません。例えば，いろいろな部署を回り，OJTを通じて会社の業務内容を理解したり，作業方法を習得したりするために，どの部署をいつ回るのかを教育訓練計画として立案することは適切な方法です。しかし，そのような計画もなく，「教育訓練計画表」にたった一行，“OJT”というのでは教育訓練のPDCAは回せませんし，ましてや人材育成とはほど遠いでしょう。

ISOについては，今でも年間50回ほど建設業者を中心に主任審査員として審査を担当していますが，その受審企業の中でCPDを人材育成の手段として活用している建設業者があります。CPDは多くの発注者の総合評価における加点項目ですから，受講することで人材育成につなげられ，かつ，ユニット数も獲得できる一石二鳥の制度だと思います。ただ，この“一石二鳥”にできるか否かは建設業者の考え方にかかっています。総合評価の加点のためだけにネガティブな姿勢でCPDを受講しているのであればそれだけです。しかし，学べること・獲得できる知識を明確にしたうえで積極的にその知識を採りにいくという受講姿勢であれば時間も費用も無駄になりません。

人材育成については非常に奥が深く，仕組みとして運用している企業は少数です。

ネットを閲覧していると「人材育成のための○○○○」「人材育成を実現する◇◇◇◇」などのフレーズを見かけますが，では，いったいどういった人材育成の仕組みが含まれているのでしょうか。このようなことを書くと，「当社は◇◇◇◇で人材育成が実現できました」とおっしゃる方もいらっしゃるかもしれませんが，それは，**「育成する」ではなく，「育成された」ではないでしょうか？**　要は，意図的に人材育成の仕組みをPDCAとして回して人材育成をするのではなく，**結果的に人材が育成された**のではないでしょうか？

この「できる：身につける」と「できた：身についた」の天と地ほどの違いについては，第4章の5で詳しく説明します。

人事制度の中でも人材育成制度は非常に重要なので，ぜひ理解してください。

**次に「人事評価制度」。**

悪名高き「人事評価制度」です。

「人事評価制度」と聞くとそれだけで拒否反応を示す方もいらっしゃると思います。それだけ役に立たない，問題のある人事評価制度がたくさん存在しているということでしょうか。

本書では，そのような悪名高き一般的な既存の人事評価制度と180度異なる人事評価制度について説明していきますので，どうかゼロベースで負のバイアスをかけずに読んでくださいね。

本来，「人事評価制度」は，「人材の保有能力，育成の結果を評価する仕組み」です。その中で重要なのは，

**育成の結果を評価する**

ということです。ということは，まずは**育成をしなくてはならない**ということです。

では，あなたは中学2年生の7月10日に戻ったとして次の文章を読んでみてください。

## コロナ禍で４月から休校で，７月10日に初めて１学期の登校をして数学の授業を受けることになりました

**先生** 皆さんおはよう。数学を担当する佐藤です。
今からテストを行いますので，皆さん机の上のものを全部しまってください。

**生徒** えっ！　いきなりテストですか？
テストで出題する問題って，１年生で習ったところですか？

**先生** いや，この１学期に皆さんが習うべきところの問題ですよ。

**生徒** でも先生，私たち習っていないのですが……。

**先生** そんなこと知りません。とにかくこれから試験をします。

この先生をあなたはどう思われますか？

授業で教えてもいないのに試験で生徒の出来栄えを試すなんてちょっとヒドイと思いませんか？

さて，ISOの審査の場で経営トップ（通常は社長）との次のようなやり取りがありました。

●●● ISO審査の経営者インタビューの場で

**社長** 審査員，ちょっと聞いてくださいよ。当社の人材は全然勉強しないし，努力しないのですよ。

**山本** それは社長としても悩みますね。でも社長，ここまでの力量を身につけてくださいという「要求力量のハードル」を設定してありますか？

私のこの質問に対して２種類の社長が存在します。

**社長Ａ** 確かに。こちらが「ここまでの力量を身につけてください」というハードルを設定して導かないといけませんね。

**社長Ｂ** そんなもの，私が設定しなくても，人材は自ら努力すればよいのですよ。

社長Aの回答だとありがたいのですが，社長Bが経営する企業に勤務する従業員は「退職届」を書いたほうがよいかもしれません。

前述の先生と社長Bに問題があると感じた方はまともな方だと思います。

先生が教えてもいない箇所について試験を実施するのは，抜き打ちテストではありません。抜き打ちテストとは，予告なしに行うテストのことではありますが，出題内容はすでに生徒が習った箇所です。

社長Bについてはどうでしょうか。確かに学生の中には言われなくても自ら勉強する生徒が存在することはありえますが，いざ社会人になると会社や上司から要求されなくても自ら努力できる人材は10％だと思ってください。残りの80％は要求されないとできませんし（これが普通），さらに残りの10％は要求されてもやりません。であれば，会社は人材に対して「要求力量のハードル」を設定したうえで，ハードルを越えるように指示すればよいのです。

さて，ここからが本題です。人材育成をしていないにもかかわらず人事評価を行うことは，

- **学生に授業で教えていない箇所を試験する**

と同じで

- **従業員に要求していないにもかかわらず成果や力量を測る**

ことであり，非常に卑怯なことなのです。闇討ちを仕掛けるようなものです。いいですか！

人事評価とは，人材育成実施の結果，どこまで育成できたのか？　どこまで成果を出せたのか？　を検証することなのです。

ですから，人材育成を実施していない企業は人事評価をしてはダメなのです。

しかし，非常に残念なのですが，意図的に人材育成を実施していないにもかかわらず，または，人材育成の仕組みが機能していないのにもかかわらず人材を評価する会社があるのです。これは，いったい何なのでしょうか。

【人事評価は，人材育成のPDCAの「C：Check：検証」にすぎない】

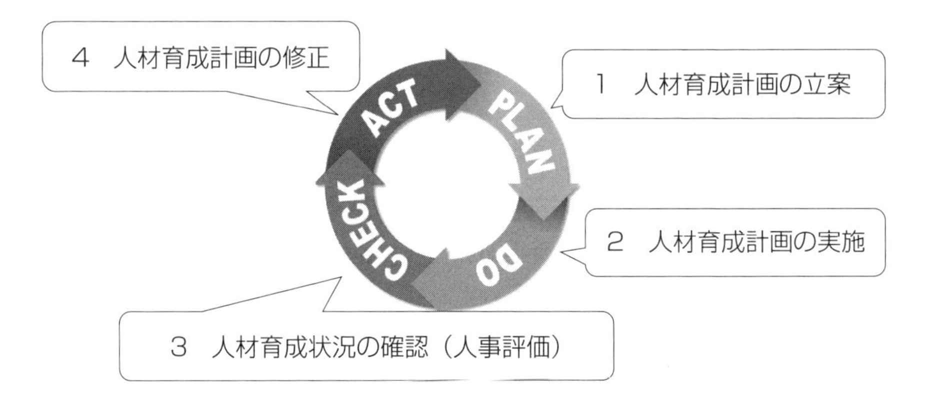


余談ですが，このような状況をある人（当社の社員）に説明したら，「社長は従業員から評価されないからラクですね」といわれました。もちろん，社長は評価されていると思いますが，従業員からの評価が悪くても社長の役員報酬は下がりませんから気楽ですね。いや……，イヤ……，でも，このように人材育成をしていないにもかかわらず人事評価制度を運用している企業では，社長が役員報酬を下げられるより，もっと辛辣な結果になっています。それは，

- **優良人材が去っていく（第２章18参照）**
- **求職者の応募がない**

ことであり，会社は人手不足及び人材不足に陥るのです。

人材育成を実施していないにもかかわらず人事評価を行うことはもうやめませんか。

本項において「人事評価制度」について“悪名高き”と表現しました。

序章でも既存の一般的な人事評価制度の問題点に触れましたが，ここからは，少々，着眼点を変えてさらに説明します。

既存の一般的な「人事評価制度」は，なぜ悪名が高いのでしょうか。

その理由は，ざっと次のようなことです。

- 策定に半年から１年超かかる
- 専門のコンサルタントに策定を依頼した場合，費用が数百万円から１千万円超かかる
- 専門コンサルタントの指導を受けても策定が大変
- 完成後の運用が大変
- 評価項目があいまい
- 評価基準がない，もしくはあっても非常にあいまい
- 人材育成につながらない
- 人材が高評価を獲得しても企業業績が上がらない
- 評価者により評価結果のブレが大きい
- 評価の根拠が被評価者にフィードバックできない　など

このような「人事評価制度」では，「人材の価値を向上させる仕組み」とはなりえません。ただ，安心してください。本書の第４章で説明する「カンタンすぎる人事評価制度」は，たった１日ではありますが「産みの苦しみ」があるということを除いては，前述のような既存の一般的な「人事評価制度」にある欠点は見当たりません。

**最後に「賃金制度」。**

ここで説明する「賃金制度」とは，「就業規則」で規定されている（もしくは「就業規則」の別規程として「賃金規程」で規定されている），単に賃金や手当の金額を明確にした文章のことではありません。

「賃金制度」とは，以下のようなことを決定できる仕組みのことです。

- どのような場合にどのような手当が支給されるのか？
- ○年勤務したらどれくらい支給されるのか？

- **○歳になったらどれくらい支給されるのか？**
- **評価結果はどのように賃金に反映されるのか？**
- **ある経験・技能等を持った人材が入社した場合の賃金はいくらか？**
- **身につけた力量等によりいくら支給されるのか？**

あなたの会社に「賃金制度（給与制度）」はありますか？

仮に「あります」と回答された方に質問です。

次の想定人材に対して，賃金の支給額を算出できますか？

人材A　22歳で入社後，10年間，5段階評価の上から2番目のA評価を取り続け，職能資格等級は4等級，役職は係長，保有資格は1級土木施工管理技士の32歳の人材。

人材B　大学卒業後，某建設会社に16年勤務し，そのうち1級建築施工管理技士としての経験は10年，入社後の想定職能資格等級は5等級，入社後の想定役職は課長，3か月後に入社予定の38歳の人材。

もし，賃金の支給額を算出できないのであれば，残念ながらあなたの会社には，「賃金制度」が存在することにはなりません。

「賃金制度」とは，一定の条件の下，支給額を決定することができる仕組みです。

中途入社の経験者の給与を決定する際，前職の給与を基に決定することは正しい決定方法とはいえません。この前職の給与を参考に賃金を決定した結果，ほぼ同じ年齢，同じ保有資格，ほぼ同じ能力，ほぼ同じ成果を上げているC氏とD氏の給与に大きな差ができてしまいます。

また，今までは社長がその都度賃金額を決定する方法で問題なく回っていた場合でも，新卒社員を募集する際に「賃金制度」がないと決定の根拠かなくなってしまい困ってしまいますね。

場当たり的な給与額の決定をもうやめませんか。

たとえ10名以下の建設業者であっても明確な賃金決定の根拠である「賃金制度」を導入すべきです。当社も年間で数多くのクライアント企業の

「賃金制度」の改定を行わせていただきますが，対象従業員数が多ければ多いほど改定に苦労します（昨年は立て続けに100人越えの企業数社の賃金改定を行い大変でした。逆に20名以下の企業の場合はかなりスムーズに改定できました)。だからこそ少人数のうちに改定してしまうべきなのです。

ここで質問です。「賃金制度」は，従業員が何名くらいのときに新規導入すべきなのでしょうか？　答えは，正社員を１名雇用した時点です。従業員が少なければ少ないほど「賃金制度」は導入しやすいですし，改定しやすいです。

「人材の価値を向上させるための仕組み」として「職能資格等級制度」「人材育成制度」「人事評価制度」「賃金制度」について説明してきましたが，「職能資格等級制度」で人材に対する「要求力量のハードル」を明確にして，「人材育成制度」で人材を育成し，価値を向上させ，どこまで育成されたのか？　どこまで価値が向上できたのか？　どのような成果を出すことができたのか？　を「人事評価制度」で検証することになります。

そして，「人事評価制度」の評価結果を「賃金制度」に反映させるのです。いや，評価等の最終結果だけではなく，人材が到達した等級，人材が向上させた価値についても「賃金制度」に反映させます。

以上が「人材の価値を向上させる仕組み」であり，企業規模の大小にかかわらず取り入れるべきものなのです。

ここで，次のことを疑問に思われる読者の方もいらっしゃるかもしれません。それは，「従業員が５名の会社で『職能資格等級制度』『人事評価制度』が必要なのか？　機能するのか？」ということです。

**自信をもって取り入れて大丈夫**です。

なぜなのでしょうか？

一般的に「職能資格等級制度」は，「人事評価制度」とセットで運用します。そして，その「人事評価制度」は，人材を評価して順位付けすることに主眼を置いています。そして，その順位付けに「職能資格等級制度」も活用します。ですから，この２つの制度は対象従業員数がある一定以上(20名以上）の場合に機能する制度といえるでしょう。

しかし，私が提唱する「職能資格等級制度」は，各等級に必要な能力を具体的に表記することにより「要求力量のハードル」を明確にしたツールとして活用します。「人事評価制度」も「どれだけ人材が育成できたのか？」「どれだけ成果が出たのか？」を測るツールとして活用します。

ですから，従業員数に関係なく，たとえ対象従業員が１名であっても活用しなくてはならないのです。そして何よりも「人材の価値を向上させる」ための根拠として必要な仕組みなのです。

これら「人材の価値を向上させる仕組み」を導入・運用し，実際に人材の価値を向上させ，その事実を積極的に自社サイト，「求人票」はもとより，機会あるごとに様々な媒体でPRしましょう。

## 3 人手不足の状況で採用が順調な建設業者も存在している

現在，すべての建設業者，いや，ほとんどの業種，ほとんどの企業で人材採用が困難な状況であるということはいうまでもありません。しかし，そのような状況下においても，順調に人材が採用できている建設業者は存在しています。

なぜ，順調に採用できているのでしょうか？　当然理由があります。

順調に採用できている建設業者のうち２社の事例を紹介します。

### Ａ社の事例

Ａ社には定期的に応募があり，その中から良い人材を選んで採用しています。決して，応募してきた人材を全員採用するということはしていません。

A社に定期的に求職者から応募がある理由ですが，それは何といっても自社サイトが秀逸であるということです。建設業者において秀逸な求人募集専門サイトがいかに重要であるかについては，第2章の⑮で説明しましたが，その内容を地で行っている典型でしょう。

では，その自社サイトのどこが秀逸なのでしょうか。

まず，特別感がないというか「絶対に応募してもらおう！」という気負いがないことが挙げられます。

求職者向けの自社サイトというと，いかに自社が素晴らしいのか，先輩社員が伝えすぎる仕事のやりがいなど，閲覧している求職者からすると「ハイハイ，御社がすごいのはわかりましたから」と呟きたくなるような内容が多いのですが，A社の場合は淡々とした内容なのです。その中で，例えば，以下のようにさりげなく自社の良さをアピールしているのです。

- 大規模工事の施工実績 ⇨ 受注も施工も大変そうな工事だけれど，やりがいがありそうと思える。
- 明確な仕事の流れ ⇨ 業務内容がビジュアルで理解でき，残業がない（少ない）ことが理解できる。
- 社員の力量向上 ⇨ ○年後には自分がどのようなスキルを身につけているのかをイメージできる。
- 過度に自慢しない ⇨ 至って自然に自社の良さを紹介している。ただ，その裏付けがそれとなく記載されている。
- 自然体の笑顔の写真 ⇨ パワハラなどがなさそうなイメージを理解。

他にもいろいろあるのですが，A社に迷惑がかかってしまうと申し訳ないのでこれくらいにしておきます。

### B社の事例

Ｂ社は自社求人サイトと動画を連携させています。その動画では，社長自らが気負いなく，かつ，和やかに自社のことを紹介しており非常に好感が持てる内容です。

第１章の3(3)では，中小企業は社長次第なので社長のパーソナリティを全面的に出す必要性を説明しました。

様々な企業のホームページを見ていると，正直，社長の写真を掲載しないほうがよいと思えることがあります。これは本人の見た目が悪いということではなく，社長の良さが滲(にじ)み出ていないと思われる写真だからです。だからこそ，笑顔の写真をプロに撮影してもらいましょう。

また，写真が苦手な社長でも動画の場合は良さが伝わりやすいので，動画を活用することも有益です。自社採用サイトで求職者に好印象を抱かせるページの作成は非常に手間ではありますが，求職者に好印象を抱いていただける動画は意外と簡単に作成できるものなので，思い切って活用することをお勧めします。

Ｂ社の場合，動画の内容が秀逸だったため，応募者が２桁近く殺到し，その結果，４名を採用しました。そのうち１名が「動画の内容が良すぎて，実際に入社したら○○の部分は今一つでした」と感想を漏らされましたが，社長はそのことを認め「だから○○について一緒に改善していきたいんだ」と伝え，一緒に改善してもらっています。

実態と明らかに異なることを掲載したり撮影したりするとその反動が怖いのですが，誇大広告に当たらなく，少々“盛った”内容であればそれほど問題はないかと思います。嘘を伝えるのは絶対に慎むべきですが，ちょっとした表現の工夫はアリだと思います。

以上，Ａ社とＢ社の２社を紹介しましたが，この２社に共通しているのは，「人材の価値を向上させることができる企業」であることです。

人材の価値を向上させられない企業がいくら秀逸な自社採用サイトや動

画を作成しリリースしたところで，一瞬，人手不足が解消されるのみで，逆効果に陥ることになります。

当社において，人手不足解消のコンサルティングを行っていますが，皆，根本的な人手不足解消に取り組んでいることは言うまでもありません。その根本的な人手不足解消に取り組むためにCCUSもCPDも活用できることを改めて追記しておきます。

## 4　なぜ，本気で人材を採用しようと思わないのか？

「いやぁ，本当に人手不足です」「まったく応募がありません」。

これらは社長からよく聞くフレーズです。ただ，このようなフレーズを唱える社長に限って危機感を全く感じないのです。

「儲かりまっか？」「ぼちぼちでんな」，「良い天気ですね」などの大して意味のない会話なのでしょうか。しかし，よくよく話を聞くと確かに大きなリスクをはらんでいます。それにもかかわらず危機感が感じられません。

１つの見方として，すでに諦めてしまっているのでしょうか。

人材採用が叶っている企業は漏れなく，社長自らが本気で人材採用に乗り出しています。決して，片手間や人任せではないのです。

自社採用サイトを見ていても社長の本気度が伝わってくるサイトと，そうではないサイトは区別ができます。求職者目線でも同一だと思います。

社長が本気で採用に乗り出している企業の自社採用サイトは，求職者に響く内容ですし，求職者を動かす内容です。

ここで１つ重要なことを伝えます。

**優良な求職者は失業者から探すのではなく，在職者から探してください。**

そもそも，優良な不動産情報も優良な求職者情報もほとんど流通しません。考えてもみてください。優良な不動産情報は，銀行が握ったら得意先に情報を流して，さっさとまとめてしまいます。だから，優良な不動産情報は市場にあまり流通しないのです。求職者情報もしかりです。

１つ想像してみてください。あなたの知り合いの優秀な１級土木施工管理技士のＡ氏からこんな電話がありました。「今勤めている会社を今年いっぱいで退職するんだ」と。あなたはどうしますか？　Ａ氏は優秀な監理技術者です。次のどちらかの対応をされるのではないでしょうか。

「そうなの。ではウチの会社に来ない？」
「そうなの。どこか紹介しようか？」

そうなんです。優良人材が既存の会社を退職すると伝えると，伝えた相手はこのような反応をするのです。ですから，ハローワークに求職の申し込みをすることなく次の就職先が決まるのです。

「オレ，今年いっぱいで会社辞めるんだ」と伝えて，相手から前述のような打診がないということは，

- 良い人材ではない
- よほど，希少な職業

といえるでしょう。

ですから，もちろん例外もありますが，失業中の人材は在職中の人材と比較して優良人材という点では劣るのではないでしょうか。

そして，そもそも有能な人材は次の就職先を決めてから退職しますので，失業期間がないか，あったとしても前勤務先の有給休暇消化期間もしくは次の勤務先が確定している状態の失業期間なのです。

以上のことから，あなたの会社が狙うのは失業中の人材ではなく，在職中の人材となります。その在職中の人材にあなたの会社の自社採用サイトを見て行動を起こしてもらうためには，よほど魅力があり，その裏付けがしっかりしていることが必要なのです。

ですから，社長が本気で採用に乗り出し，求職者に響く内容・求職者を

動かす内容の自社採用サイトを作成する必要があるのです。

人材，特に建設業者における技術者及び技能者は，建設業を営むうえでの重要な財産です。その財産選びは社長が担当せずにどなたがするのでしょうか。

## 5　建設業において女性や若年人材の活用を本気で考えていますか？

人手不足の代表業種である建設業において女性の積極活用が叫ばれていますが，私にはどうも的外れのように思えます。

人手不足になると，すぐに女性に頼ろうという姿勢に共感が持てないのです。なぜなら，今まで女性を排除してきた業界とも思えるからです。現在でもそのような考え方の技能者・職人さんがいることも事実です。そして，もう１つ。男性で新規に建設業に従事する人材は増えているのでしょうか？

建設業へ従事する男性の人数が減っているのであれば，根本的な問題点を解決しない限り，女性を建設業に呼び込むことは至難の業です。

そこで，本気で女性や若年者に建設業で働いてもらうことを考えないといけないのです。ここで言いたいのは，“本気で女性や若年者に建設業で働いてもらうこと”であり，「本気で女性や若年者に建設現場で働いてもらうこと」ではないことです。

特に女性が建設現場で働くには様々な制約があります。その制約を外していくための様々な取組みについて国を挙げて実施していることは理解しています。ただ，建設業になじみのあるなしに限らず，女性がいきなり建設現場で働くことには無理があると思うのです。そして何よりも重要なのは，

**女性の方，どうか建設業を助けてください**

という視点ではなく，

**建設業界として女性を助けられませんか**

という視点です。

いや，女性に限らず，若年労働者を含めて，

**建設業界として若年層の方・女性の方を助けられませんか**

ということです。

この点については，最終の第７章で詳しく説明します。

第4章

# CCUS・CPDを用いた差別化戦略

## 1 建設業における差別化戦略とは？

建設業における差別化戦略と聞いてどのようなことを想像しますか？

同一市町村・県の同業建設業者よりも一歩先を行くための取組みについて第２章で説明しましたが，本章では，そのまとめ的な意味を込めてさらに解説を加えます。

建設業者が他の建設業者よりも一歩先を行くためには，何といっても，

**人材を確保できるか否か**

なのです。いや，

**いかに優良人材を確保できるか否か**

でしょう。

そうです。あなたの会社は，**「人手不足の解消」ではなく「優良人材不足の解消」**を実現しなくてはならないのです。

建設業において「優良人材不足」を解消するということは，今後30年以上にわたって優良建設業者として存続できることなのです。そして，優良人材は優良人材を引き寄せますし，育成します。となると，30年ではなく50年優良企業であり続けられるのです。

あなたの会社が施工した構築物が何十年も残るように，あなたの会社自身も何十年にわたり優良建設業者として存続するのです。

では，どうすれば優良人材に自社を選んでもらい，優秀な人材に育て上げられるのでしょうか。１つ注釈をつけますが，入社時に“優秀な人材”でなくても構いません。あなたの会社に第３章の2で説明した「人材の価値を向上させるための仕組み」があればよいのです。この仕組みを活用して入社時に優秀でなくても優秀な人材に育て上げればよいのです。逆に優秀な人材を高額な給与で雇用するのではなく，優良ではあるが決して優秀とはいえない，技術も知識も未熟な人材を普通の給与で雇用し育成すればよいのです。

この話をすると**「せっかく育成して，資格も取らせて，一人前に育て上**

**げ，『さぁこれから』というときに退職されては大損です」**との意見を多くの社長から耳にしてきましたが，本当でしょうか。

お気持ちは非常にわかります。私も同様の経験をしてきましたから。でも，少し考えてみてください。

| ①　　　　　　　　②　　　　　　　　③<br>**せっかく育成して，資格も取らせて，一人前に育て上げ…** |
|---|

①**「せっかく育成して」**＝本当に育成したのでしょうか？　放置もしくは大した教育もせずに本人が勝手に育ったのではないでしょうか？

②**「資格も取らせて」**＝資格を取得させるためにどのような協力をしましたか？　受験費用の負担や合格祝い金（10万以下の場合）は大した協力ではないのではないでしょうか？
試験日前の１か月を勉強のために有給で休ませましたか？　であれば“資格を取らせて”という思いも理解できます。ちなみに資格手当はその資格を会社が活用するための対価ですから。

③**「一人前に育て上げ」**＝人材育成プログラムが存在しそれに則り育成したのですか？　であれば“育て上げ”ですが，実は，OJTで本人が覚えていっただけなのではないでしょうか？

以上，社長にとって少々辛辣な意見を書きましたが，私自身の経験でもあり，自戒の意味を込めて書きました。

いかがでしょうか？

**「せっかく育成して，資格も取らせて，一人前に育て上げ，『さぁこれか**

**ら』というときに退職されては大損です」**は，正しい主張でしょうか？

そして本当に伝えたいのが以下のことです。

**一人前の人材にとって勤務を継続するに値する魅力ある企業ですか？**

「ハッキリ言ってブラック企業的な建設業者だが，一人前になるまで歯を食いしばって我慢しよう」と思い頑張ってきて，資格も取得し監理技術者として自信がついたので（一人前になった），遂にブラック企業から抜け出せるという状態ではないのですか？　これはさすがに大げさかもしれませんが，要は，人材にとって魅力がない企業だと判定されたのではないでしょうか。

多くの人は変化を嫌います。変化は面倒くさいのです。ですから他の建設業者へ転職することも本来面倒くさいことなのです。給与が多少上がるよりは，今のままが良いのです。しかし，その面倒くさいことをあえて行動に移そうとすることは（他の建設業者へ転職），既存の勤務先に複数の不満があるということでしょう。

建設業者として他社と差別化していくためには，優良人材に自社を選んでもらうことが必要ということは前述したとおりですが，既存人材に選んでもらう，継続勤務してもらうことも重要なのです。

ある非常に人材の出入りが激しい企業があります（私のコンサルタント先ではありません）。採用は順調にできているのですが，採用人数と同じくらい退職者が出るのです。これは非常に無駄ですね。たとえるなら莫大な無駄な経費を削減せずに売上向上に励んでいる，ザルに水を組み入れているようなものでしょう。

すべての問題に原因があります。すべての事象に根拠があります。離職者が多いことにも原因があるのです。その原因を放置して採用を続けていくことは非常に無駄ですから，まずは離職者が多い原因を追究し，取り去るという是正処置（再発防止策）を施さなくてはなりません。

優良人材に選んでもらい，既存人材に継続勤務してもらうためには，「人材の価値を向上させるための仕組み」が不可欠です。

この「人材の価値を向上させるための仕組み」は，「職能資格等級制度」「人材育成制度（教育訓練制度）」「人事評価制度」「賃金制度」で構成されていることは説明済みですが，本章ではCCUSとCPDに焦点を当てていきたいと思います。

## 2　CCUSで人材の価値を向上させる

CCUSは人材の価値が向上したことを測る仕組みではありますが，レベル自体を向上させるための仕組みではありません。

このことはCCUSの欠陥ではなく，システム上当たり前のことなのです。類似の仕組みとしては資格制度も同様ですね。例えば，1級建築施工管理技士試験は，自らが勉強して，受験して，一定のレベルに達して合格したら1級建築施工管理技士となります。

CCUSも同じです。自らが経験して資格を取得し，レベル判定を行い，一定のレベルに達したら，レベル認定（レベル1～4）となります。

| 施工管理技士資格 | CCUS：建設キャリアアップシステム |
|---|---|
| 勉強する | 経験する・資格取得する |
| 受験する（試験を受ける） | レベル判定を受ける |
| 合格したら施工管理技士となる | 判定が認められレベル○となる |

上表の施工管理技士資格の“勉強する”もCCUSの“経験する・資格取得する”も自らが行わなければならないのです。

この“自ら行わなければならない”がなかなかできないことも事実です。

しかし，せっかくCCUSのように**「人材の価値を認める仕組み」**を建設業者として導入しているのであれば，並行して**「人材の価値を向上させる**

**ための仕組み」**も導入したいものです。

「人材の価値を向上させるための仕組み」の構成は「職能資格等級制度」「人材育成制度（教育訓練制度）」「人事評価制度」「賃金制度」ですが，「人材の価値を認める仕組み」であるCCUSとセットで運用することにより，「1＋1＝2」ではなく「1＋1＝3」にすることのできる，あなたの会社が今すぐにでも導入すべき「人材育成制度（教育訓練制度）」「人事評価制度」の仕組みとなります。本章では，それらについて詳しく説明します。

その前に1つ，大前提として心に刻んでください。

**人材育成は自社で行う**

これは基本中の基本です。もちろん外部の専門家の力を借りることは問題ありませんが，あくまで御社で導入した仕組みの中で人材育成を行うのです。決して，人材育成を外部に丸投げしないことが必要です。

本項の最後にCCUSと「人材の価値を向上させる仕組み」について図示しておきます。

●●● CCUSと人材の価値を向上させる仕組みの関係

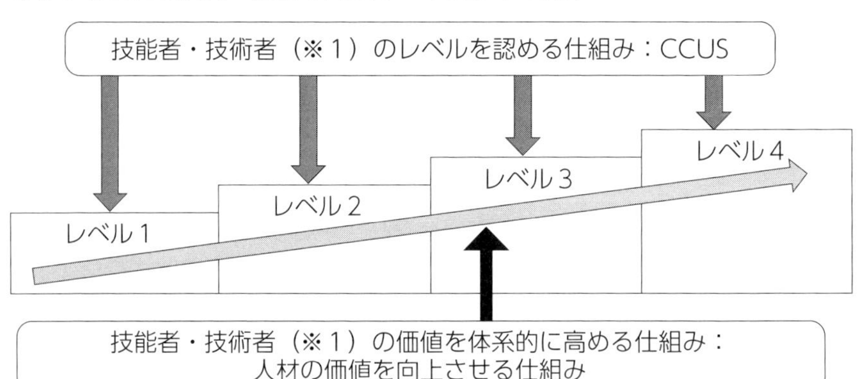


（※1）CCUSには技能者だけではなく技術者も登録すべきとの私見から，技能者だけではなくあえて技術者を含めました。

## 3　CCUS/CPDとセットで取り組む「人材の価値を向上させるための仕組み」とは？

CCUSは「人材の価値を認める仕組み」です。

そして，「人材の価値を向上させる仕組み」として，CCUS/CPDとセットで取り組む仕組みは，次の3つです。

「人材育成制度：力量到達表」「カンタンすぎる人事評価制度」「カンタンすぎる人事評価制度：高評価獲得へ向けた進捗管理」。

●●● CCUS/CPDとセットで取り組む人材の価値を向上させる仕組み

| | |
|---|---|
| 人材育成制度 | 人材育成制度：力量到達表 |
| | カンタンすぎる人事評価制度：高評価獲得へ向けた進捗管理 |
| 人事評価制度 | カンタンすぎる人事評価制度 |

**「人材育成制度」＝力量到達表，カンタンすぎる人事評価制度：高評価獲得へ向けた進捗管理**

**「人事評価制度」＝カンタンすぎる人事評価制度**

CCUS/CPDとセットで取り組む「人材の価値を向上させる仕組み」の導入については，次の順番で行うのが良いでしょう。

**順番1：「力量到達表」**
**順番2：「カンタンすぎる人事評価制度」**
**順番3：「カンタンすぎる人事評価制度：高評価獲得へ向けた進捗管理」**

## 4 「人材の価値を向上させる仕組み」に不可欠な「要求力量のハードル」

人材の価値を向上させるためには「要求力量のハードル」を設定しなくてはなりません。

「要求力量のハードル」については，本書で何度も触れてきました。特に第1章の4(3)で詳しく説明しましたが，簡単に再度説明すると，「要求力量のハードル」とは，会社・上司が人材に対して「ここまでの力量を身につけてください」と要求する人材が越えなくてはならないハードル（力量の基準）のことでしたね。

「要求力量のハードル」は非常に重要な要素ですから，図を再掲します。

●●●要求力量のハードル（再掲）

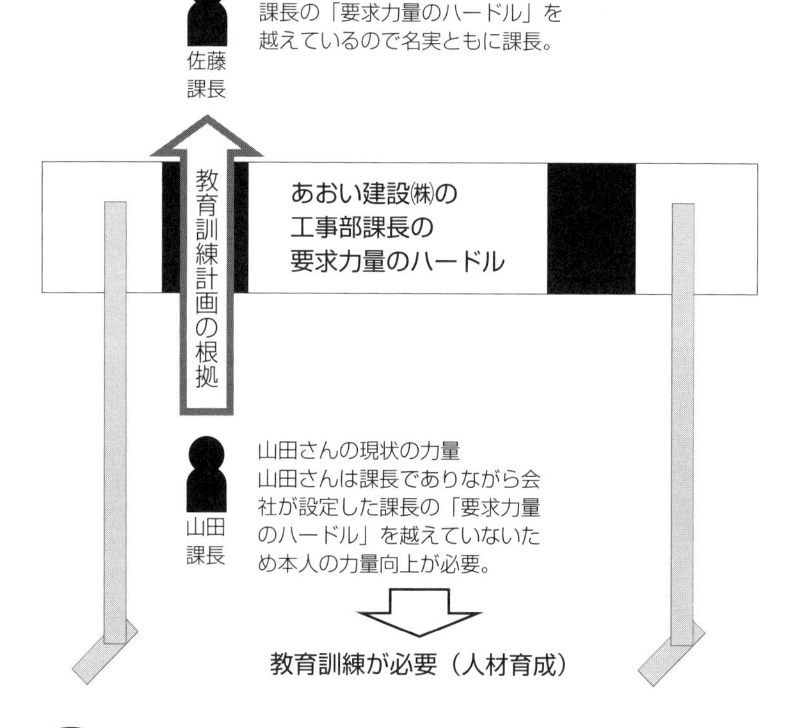

「要求力量のハードル」の設定がないと，人材は何を目指したらよいのかが見えない，何を達成すればよいのかがわからないのです。だから人材が伸びない（価値が向上しない）のです。

すでに説明したように，CCUSの能力評価基準も「要求力量のハードル」です。

## 5 「人材育成の仕組み」を説明する前に大切なこと①「できる：身につける」と「できた：身についた」の違いを理解しよう

あなたは次の２つの違いを理解していますか？

- できる，売れる，身につける
- できた，売れた，身についた

いかがでしょうか？　どちらも似たような響きですが，真の意味は天と地ほどの違いがあるのです。この違いは，ぜひしっかりと認識してください。

●●●「できる」と「できた」の違い

| | |
|---|---|
| できる | 計画の下にできた |
| 売れる | 計画の下に売れた |
| 身につける | 計画の下に身につけた |

| | |
|---|---|
| できた | たまたまできた（偶然を含む） |
| 売れた | たまたま売れた（運を含む） |
| 身についた | たまたま身についた |

いかがですか？

「できる」と「できた」の大きな違いをご理解いただけましたか？

中には未だピンとこない方もいらっしゃるかもしれませんので，決定的なことを説明します。

「できる，売れる，身につける」は，計画の下に実現したのですよね？であれば，これらは，

**再現性がある**

ということなのです。

「できる，売れる，身につける」は同様の計画を立案し，プロセスを管理すれば再現の確率が高いのです。

例えば，ある人材に対して「要求力量のハードル」を設定したうえで，そのハードルを越えさせるための人材育成計画を立案し，実施したことにより，「要求力量のハードル」を越えることができ，要するに人材育成が実現されたのであれば，同様のプロセスを踏襲することにより別の人材の育成も可能となるのです。

営業活動も同様です。ある営業担当者が，マーケティング計画・販売計画の下，営業目標を達成したのであれば，同様のプロセスを踏襲することにより，翌年も営業目標を達成する確率が高いのです（再現性が高い）。

そして，**これらのプロセスを標準化して仕組み化することにより「人材育成の仕組み」「営業目標達成の仕組み」が完成します**。さらに，これらの仕組みを運用しつつPDCAを回して改善していけばよいのです。

公共工事も同じです。ある一定の施工管理能力を持った建設業者が（ランク），仕様書等に基づき「施工計画書」を立案のうえ，施工管理をしていくことにより，よほどのことがない限り，基準以上の構築物が完成します。これはまさしく「計画の下に完成する」ことなのです。決して，「たまたま完成した」のではないのです。実はこれがISO9001（QMS：品質マネジメントシステム）でもあります。

「できる・売れる・身につける」と「できた・売れた・身についた」の

大きな違いをご理解いただけましたでしょうか？

偶然，たまたまの「ラッキー」をあてにしてはいけません。二度は続きませんので。

## 6 「人材育成の仕組み」を説明する前に大切なこと②「有言実行」と「不言実行」の違いを理解しよう

あなたは，「有言実行」と「不言実行」のどちらが良いと思いますか？

「有言実行」とは，あらかじめ実行することを宣言したうえで実現することですね。「不言実行」とは，あらかじめの宣言なしで実現することですね。

どちらが良いのかは，その時や場面により異なりますが，ビジネスの世界においては「有言実行」が必要です。

「私は，○○を実行いたします」と宣言したうえで，実現するのです。

奥ゆかしい方が多い日本の文化では，「不言実行」を美しいとする向きがありますが，やはりビジネスの場では「有言実行」でありたいものです。確かに，プレッシャーに弱い人などは「私，今年の１級土木施工管理技士試験に合格します」と宣言することにより実力が発揮できない場合も想定されますが，ビジネスの場はプレッシャーの連続ですから慣れていくべきです。

なぜ，ビジネスの場では「有言実行」が良いのでしょうか？　それは，自らの発言に責任を持っていただきたいからです。そして，何よりも「有言実行」の場合は，「計画の下に実現」するのですから，前項の「できる」であることに疑いの余地がありません。対して，「不言実行」の場合，本人以外からの評価として「たまたまできたのではないか？」「運が良かっただけではないか？」との評価が付きまといます。

であれば，ビジネスのうえでは実行することを宣言したうえで達成といきたいものです。もちろん，達成できないこともあります。それはそれで，なぜ達成できなかったのかを分析したうえで改善し次の計画に落とし込むのです。ここでもPDCAですね。

ビジネスで貴いのは・・・

有言実行

「人材育成の仕組み」を説明する前に大切なことについてはこれくらいにして，次項から本章の本題である**「CCUS/CPDとセットで取り組む人材の価値を向上させる仕組み」**について説明していきましょう。

## 7 CCUSのレベルは「できる」ではなく「できた」のハードル？

本章の2に“CCUSは人材の価値が向上したことを測る仕組みではありますが，レベル自体を向上させるための仕組みではありません。”と記載しました。

CCUSは良い仕組みではありますが，制度の限界というものがあります。その制度の限界について本項では明確にして対応方法を示します。

では，実際にCCUSの左官技能者の能力評価基準（次頁）を見てみましょう。左官技能者の最高レベルである「レベル４」の能力評価基準を見てください。

ご覧になっていただいておわかりのように，最高の「レベル４」であっても保有資格以外，意図的に身につける力量となっていません。

最高のレベル４であっても見方を変えると“就業日数”や“職長経験”は，就労していればクリアできるハードルです。まさに，

**「身につける」ではなく「身についた」状態といえます**

また，CCUSのレベル判定は基準が一元的で，就業日数や保有資格のレ

| 呼称 | | 左官技能者 |
|---|---|---|
| レベル４ | 就業日数 | 10年（2150日） |
| | 保有資格 | ◇登録左官基幹技能者〔00008〕<br>◇１級建築施工管理技士〔30007〕<br>◇優秀施工者国土交通大臣顕彰（建設マスター）〔91007〕<br>◇安全優良職長厚生労働大臣顕彰〔93001〕<br>◇卓越した技能者（現代の名工）〔94041〕<br>●レベル２、レベル３の基準の「保有資格」を満たすこと |
| | 職長経験 | 職長としての就業日数が３年（645日） |
| レベル３ | 就業日数 | ５年（1075日） |
| | 保有資格 | ◇１級左官技能士〔11001〕<br>◇青年優秀施工者土地・建設産業局長顕彰〔92007〕<br>●レベル２の基準の「保有資格」を満たすこと |
| | 職長・班長経験 | 職長または班長としての就業日数が１年（215日） |
| レベル２ | 就業日数 | ３年（645日） |
| | 保有資格 | ◇２級左官技能士〔11002〕<br>◇研削といしの取替え等の業務特別教育〔50001〕及び足場の組立て等作業主任者技能講習〔40011〕<br>◇研削といしの取替え等の業務特別教育〔50001〕及び足場の組立て等作業従事者特別教育〔50052〕 |
| レベル１ | | 建設キャリアアップシステムに技能者登録され、レベル２から４までの判定を受けていない技能者 |

※　●印の保有資格は、必須。◇印の保有資格は、いずれかの保有で可。〔　〕は、ccus職種コードを示している。

※　就業日数215日を１年として換算している。

（出所）国土交通省のサイトから

| 呼称 | | 左官技能者 |
|---|---|---|
| レベル４ | 就業日数 | 10年（2150日） |
| | 保有資格 | ◇登録左官基幹技能者〔00008〕<br>◇１級建築施工管理技士〔30007〕<br>◇優秀施工者国土交通大臣顕彰（建設マスター）〔91007〕<br>◇安全優良職長厚生労働大臣顕彰〔93001〕<br>◇卓越した技能者（現代の名工）〔94041〕<br>●レベル２、レベル３の基準の「保有資格」を満たすこと |
| | 職長経験 | 職長としての就業日数が３年（645日） |

ベリングにとどまり，職業人として評価されるべきマネジメント能力や仕事の出来栄え等がほとんど考慮されていないのです。

技能者それぞれの，

- **身につける（“ついた”ではなく）力量**
- **発揮された成果（作業の出来栄え）**

が考慮されていないのです。

このことは，CCUSの欠陥ではなく，致し方ないことなのです。

本来であれば，CCUSのレベル２～レベル４にも以下の能力等を加えるべきですが…。

- 安全な作業現場の実現
- 現場統率能力
- 人材管理能力
- クレーム対応力
- 実行予算管理能力
- 現場の５Ｓ実現
- 生産性向上能力
- 創意工夫策定能力
- 発注者への対応力
- 前向きな業務姿勢
- IT技術／建設ICTへの対応
- 現場全体の品質管理能力
- より専門的な作業／固有の作業
- 迅速な書類作成能力
- 評定点数獲得　など

以上の中には技術者のレベル・要求力量のハードルと思える内容もあると思えますが，施工現場で技能者と技術者の役割は重複することも十分考えられ，技能者の仕事と技術者の仕事には関係がないとはいえないと思います。

また，私見として技術者であってもCCUSに登録すべきと思っていることは，ここまで繰り返し述べていることです。

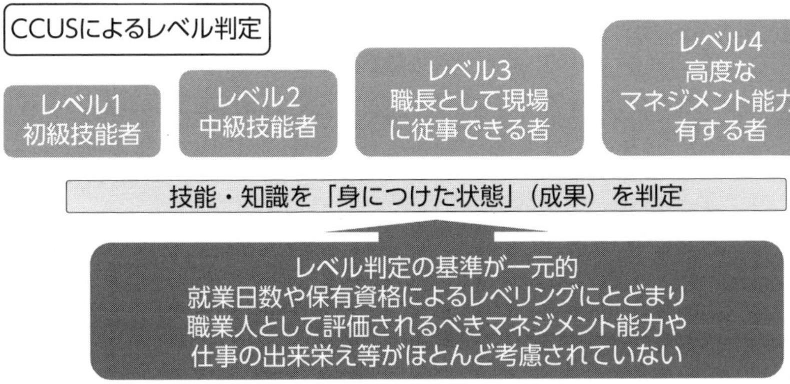

CCUSによるレベル判定

| レベル1<br>初級技能者 | レベル2<br>中級技能者 | レベル3<br>職長として現場に従事できる者 | レベル4<br>高度なマネジメント能力を有する者 |
|---|---|---|---|

技能・知識を「身につけた状態」（成果）を判定

レベル判定の基準が一元的
就業日数や保有資格によるレベリングにとどまり
職業人として評価されるべきマネジメント能力や
仕事の出来栄え等がほとんど考慮されていない

【技能者として当然保有すべき力量及び成果　例】

- 安全な作業現場の実現　・現場統率能力　・人材管理能力
- クレーム対応力　・実行予算管理能力　・現場の5S実現
- 生産性向上能力　・創意工夫策定能力　・発注者への対応力
- 前向きな業務姿勢　・IT技術／建設ICTへの対応
- 現場全体の品質管理能力　・より専門的な作業／固有の作業
- 迅速な書類作成能力　・評定点数獲得　など

同じレベル４の技能者であっても，上記のような力量を保有し，成果が発揮できれば人材の価値は明らかに向上したことになります。

そのためには，**CCUSの能力評価基準だけではなく，建設業者として独自に設定した「要求力量のハードル」を設定しなくてはならないのです。**

では，CCUSの能力評価基準以外の「要求力量のハードル」を設定するツールについて次項から説明していきましょう。

## 8　CCUS/CPDとセットで取り組む「力量到達表」

人材育成制度のツートップのうちの１つ目のツールである「力量到達表」です。これはどのようなものなのでしょうか。

当社は2018年９月から「カンタンすぎる人事評価制度勉強会」を現在ま

で延べ120回以上開催しており，その勉強会の中で人材育成ツールとして紹介しているツールの１つが「力量到達表」です（同勉強会は延べ1,400名以上の方が参加されておられますので（参加者の90％超が社長），ご参加いただいた方はご存知かと思います）。

この「力量到達表」の構成は次のようになっています。

●●●力量到達表の構成

- 入社１週間後の力量の到達点（できる作業）
- 入社１か月後の力量の到達点（できる作業）
- 入社３か月後の力量の到達点（できる作業）
- 入社半年後の力量の到達点（できる作業）
- 入社１年後の力量の到達点（できる作業）
- 入社２年後の力量の到達点（できる作業）
- 入社３年後の力量の到達点（できる作業）
- 入社５年後の力量の到達点（できる作業）
- 入社10年後の力量の到達点（できる作業）

以上の期間は目安ですから，期間設定は自社に合わせていただければと思います。

例えば，公共工事を主に受注している建設業者に入社した総務部員の力量の到達点（一部）を示します（技能者の力量到達点を示すことも可能ですが，業種により理解しにくい内容が含まれるので，建設業者であればどの業種であっても理解できる総務部の内容を示します）。

●●●建設業者の総務部に入社した人材の力量到達点（抜粋）

| | |
|---|---|
| 1週間後 | 社名を名乗り電話に出て取次ができる |
| | CPD のユニット数の管理ができる |
| | 社会保険の得喪手続きができる |
| | KY 活動表の検証ができる |
| 1か月後 | CCUS の技能者登録ができる |
| | 雇用保険の得喪ができる（離職票の作成を含む） |
| | 建設業簿記の勘定科目を理解している |
| | 事業年度終了届の工事経歴書（下書き）が作成できる |
| 3か月後 | 求人票の作成ができる |
| | ホームページの改定ができる |
| | 納品文書の写真整理ができる |
| | 安全パトロール記録の精査ができる |
| 半年後 | 健康診断の手配ができる |
| | 実行予算書の月次管理ができる |
| | 助成金情報を調べ自社が該当しそうな助成金を提案できる |
| 1年後 | 産廃業者との契約ができる |
| | 施工計画書作成の補助ができる |
| | 建設業経理事務士３級 |

| | |
|---|---|
| 2年後 | 事業年度終了届が作成できる |
| | 年末調整ができる |
| | 建設業経理士2級 |
| 3年後 | 経営事項審査申請書が作成できる |
| | 新卒者（高卒）の採用活動ができる |
| | 安全パトロールができる |

上記の「力量到達表」の内容は，上司が決定してもよいですが，対象の人材と話し合いながら決めていってもよいでしょう。また，一度決めたらそれっきりではなく，適宜，改定していきます。

基本的には，最初は毎月，半年経過後は3か月に一度ほど面接していきますので，力量の到達状況次第で到達点を改定していくことになります。

ここでもPDCAを回すことになります。

上記の「力量到達表」は，総務部員向けですのでCCUSのレベルとの関連性は持たせられませんが，技能者向けの「力量到達表」であれば，ぜひCCUSのレベル1～レベル4の能力評価基準を組み入れてください。

そして，重要なことは，この「力量到達表」を放置しないことです。前述にもあるように，必ず進捗管理をしてください。進捗管理は上司が主導していただいて構いません。そして，重要なことは「力量到達表」に規定された到達点の力量をどのように習得するのか，その計画を立案することです。

## 9 CCUS/CPDとセットで取り組む「カンタンすぎる人事評価制度」とは？

お待たせしました。本章の本丸部分です。

「カンタンすぎる人事評価制度」は，人材育成のツートップの２つ目です。これは，CCUSの能力評価基準以外の「要求力量のハードル」を設定するツールでもあります。

人事評価制度の役割は，人材育成がどこまで達成できたのかを検証・評価することでしたね。

しかし，人事評価制度と聞くとネガティブなイメージを持ってしまうことは前述のとおりです。そう。113頁に書いたように「悪名高い」のが人事評価制度です。

本項で紹介する「カンタンすぎる人事評価制度」は既存の一般的な“悪名高き”人事評価制度とは１つを除いてまったく異なることを，下表で示してみました。

●●●既存の一般的な人事評価制度とカンタンすぎる人事評価制度の比較

| | 既存の一般的な人事評価制度（※１） | カンタンすぎる人事評価制度 |
|---|---|---|
| 策定期間 | 策定に半年から１年超かかる | **最短１日で策定** |
| コンサルタント費用 | 専門のコンサルタントに依頼した場合，費用が数百万円から１千万円超かかる | **専門のコンサルタントに依頼した場合，50万円～** |
| 策定の難易度 | 自分たちで策定する場合，専門のコンサルタントの指導を受けても大変 | 社長１人もしくは社長プラス１名で策定する。社長の脳みそを使い倒し相当大変 |
| 完成後の運用の難易度 | 運用が大変 | **運用がラク** |

| 評価項目 | 抽象的。包括的であいまい | **明確。その業種専用の評価項目** |
|---|---|---|
| 評価基準 | ない，もしくはあってもあいまい | **非常に明確。小学生でも評価可能** |
| 人材育成 | 人材育成と関わりにくい | **人材育成が目的** |
| 企業業績 | 企業業績の向上につながるかは不明 | **向上することが目的** |
| 評価のブレ | ブレが多い | **評価基準が非常に明確なため，評価者によりブレはほとんどない** |
| フィードバック | しないことが多い。する場合でも根拠が示せない | **評価結果のすべてを根拠とともに人材にフィードバック** |

（※１）「既存の一般的な人事評価制度」とは，私自身が20年ほど策定してきた人事評価制度及び1,400回以上のISO審査で確認してきた人事評価制度のことである。

上表の**ゴシック**部分が，既存のものより，カンタンすぎる人事評価制度のほうが優れているところです。

「既存の一般的な人事評価制度」と比較して，いかに「カンタンすぎる人事評価制度」が優れているのかをご理解いただけると思います。それもそのはずです。私自身が，20年以上にわたり企業に提供してきた人事評価制度の欠点を何とか改善できないのか？　と開発し，改良を重ねたのが「カンタンすぎる人事評価制度」だからです。

しかし，どうしても改善できなかったことがあります。それは，“策定の難易度”です。

とにかく短期間で策定でき，コンサルタントに依頼した場合の費用を抑えることを優先した結果，“策定の難易度”だけはどうしようもできませんでした。といいますか，「既存の一般的な人事評価制度」より「カンタンすぎる人事評価制度」のほうが“策定の難易度”が高いのです。

でも我慢してください。最短でたった1日で策定できるのですから。

では，なぜ，「カンタンすぎる人事評価制度」のほうが“策定の難易度”が高いのでしょうか。

「カンタンすぎる人事評価制度」は，コンサルタントと社長が策定します。また，策定対象部署の作業内容を社長がすべて把握できない場合は，「社長＋当該部署の管理者」が参加することになります。その策定者の脳みそを思いっきり使い倒さないと策定できないのです。まさに産みの苦しみです。

「カンタンすぎる人事評価制度」の策定アプローチの詳細は後述しますが，「自社の存在価値は？」「自社の品質は？」「自社は何屋なのか？」という日ごろあまり考えたことのないアプローチから「人事評価表」を策定するので非常に疲れるのです。しかし，それらのアプローチから導き出された評価項目と評価基準を達成することにより，人材育成及び業績向上につながる「人事評価表」が完成するのです。

また，この「自社の存在価値は？」「自社の品質は？」「自社は何屋なのか？」は社長の想いがダイレクトに反映されますので，

- **社長の思い描く組織の実現**
- **社長の理想の人材の育成**

が可能となります。

ただ，策定は大変です。でも，くどいようですが，「カンタンすぎる人事評価制度」は最短1日で完成しますから，たった1日だけなので我慢してください。

「策定が難しいということは『カンタンすぎる人事評価制度』とはいえないですね」と指摘されそうですが，「カンタンすぎる人事評価制度」の“カンタン”とは，

- 運用がカンタン（評価がカンタン）
- 策定期間がごく短期間（最短１日）
- コンサルタント費用が非常に低額（費用捻出がカンタン）
- 人材育成がカンタン
- 企業業績アップがカンタン
- 人材へのフィードバックがカンタン

ということです。

私が「カンタンすぎる人事評価制度勉強会」を2018年９月から120回以上開催していることはすでにご説明しました。その出席者のうち約40％が人事評価制度導入企業です。

また，約60％の人事評価制度未導入企業であっても，20％ほどの企業が過去に人事評価制度導入を試みて途中で断念した企業です。ということは勉強会への出席者の半数が人事評価制度導入を試みて断念したか，実際に導入してみて運用できていない企業なのです。そして，その理由は次のようなものでした。

- 策定が難しすぎた：策定途中で断念
- あまりにも長期間費やしそうだった：策定途中で断念
- 公平・客観的な評価ができないと思った：策定途中で断念
- 宿題が多すぎた：策定途中で断念
- 運用が難しすぎた：導入後に断念
- 評価結果の根拠を従業員から尋ねられて答えられなかった：導入後に断念
- 人材育成ができなかった：導入後に断念
- 企業業績が向上しなかった：導入後に断念

元々，「カンタンすぎる人事評価制度」は，これらの理由を改善した人事評価制度ではありましたが，これらの理由の聞き取りからさらに改善を加えて現状の仕組みとなっています。

また，上記の理由を見てみると人事評価制度策定の参加者である社長などの脳みそを使い倒すことは1日や短期間であれば問題ないと理解しました。その結果，「たった1日ですから我慢してください」と述べました。

## 10　CCUS/CPDとセットで取り組む「カンタンすぎる人事評価制度」の5つの策定アプローチ

「カンタンすぎる人事評価制度」の「人事評価表」を策定するアプローチは5つあります。すなわち，人事評価表（164頁）の5つの評価項目について，社長の考えを明確にすることから始めます。

| | |
|---|---|
| (1) | 自社の存在価値，自社の品質及び自社は何屋なのかを明確にする |
| (2) | 3年後（5年後）の自社のあるべき姿を明確にする |
| (3) | 会社・社長の理想の人材を明確にする |
| (4) | 理想の業務姿勢を明確にする |
| (5) | 自社の解決すべき課題を明確にする |

### (1)　自社の存在価値，自社の品質及び自社は何屋なのかを明確にする

あなたの会社は顧客や社会にどのような価値を提供するために存在しているのでしょうか？ ➡自社の存在価値

あなたの会社が顧客に提供する・実現する品質（サービスの質を含む）とは何でしょうか？ ➡自社の品質

あなたの会社は何屋さんなのでしょうか？ ➡自社は何屋なのか

これらを最初に明確にします。“明確にします”と6文字で表現しまし

たが，徹底的に掘り下げて明確にするのです。例えば，建築一式工事業であるなら，一般的には次のようになるでしょう。

- **自社の存在価値＝良質な建築工事を提供する**
- **自社の品質＝工期厳守，優良施工品質，事故ゼロを実現する**
- **自社は何屋＝建設業者**

しかし，これだけでは足りません。前述のような回答では良い「カンタンすぎる人事評価制度」は策定できないでしょう。なぜなら，前述の回答は当たり前の回答だからです。

正直，前述の回答では，第２章で説明した，“一歩先を行く建設業者”ではなく，その他多くの“のほほん建設業者”でしょう。その結果，すべてが普通，利益も普通，そして当然ながら人手不足が解消できません。

ここで誤解のないように追記しますが，“自社の存在価値”“自社の品質”“自社は何屋”をすべて徹底的に掘り下げる必要はなく，どれか１つでも構いません（もちろん，３方向からすべて徹底的に掘り下げていただいても構いません）。

建設業者が，自社のことを単に「建設業者」と定義付けているようでは，他社との差別化はできませんし，一歩先を行くこともできないでしょう。しかし，自社の存在価値を次のように定義付けるとどうでしょうか？

| 公共 or 民間 | 自社の存在価値 |
|---|---|
| 公共工事を主とした建設業者 | 利用者が安心して利用できる場を提供する |
| 民間工事を主とした建設業者 | 家族が集い，安らげる場所を提供する |

例えば，公共工事を主とした建設業者の場合，“利用者が安心して”の

“安心”を得るためにはどのようなことが必要なのでしょうか？

市発注の市民会館新築工事の場合，市民が安心して利用できる場として，いろいろなものが考えられます。

- **手抜き工事がない強固な建物**
- **やっつけ仕事で施工していない建物（工程がスムーズであった）**
- **工程の適切性が証明されている建物**
- **評判の良い建設業者が施工した建物**
- **死亡事故が未発生の心理的瑕疵がない建物　など**

次に，民間工事を主とした建設業者の場合の存在価値である“家族が集い，安らげる場所”とは，どのような場所なのでしょうか。いろいろ考えてみましょう。

- **家族が自然に集まってくるような動線の間取り**
- **セキュリティのしっかりした家**
- **家事をしている親，遊んでいる子どもの様子が見える家**
- **夏は涼しく，冬は温かい家　など**

そして，公共物件同様，民間物件であっても「手抜き工事がない」「工程の適切性が証明されている」「死亡事故が未発生」であることはいうまでもありません。

他にも「自社品質」「自社は何屋か」を徹底的に掘り下げることにより，それを実現するために必要な人材や，その人材が身につけるべきことが明確になり，さらに機転の利く経営者であれば，第2章の11で少し触れたように，自社の存在価値を適切に理解していれば，全く関係のない業種に手を出し失敗することなく，建設業以外の他業種へ進出する場合も適切な事業内容を選択され利益が出せるでしょう。

では，この１つ目のアプローチを手順とイラストで説明します。

手順１：自社の存在価値，自社の品質，自社は何屋かを明確にする。

手順２：手順１で明確にした自社の存在価値等を実現するために必要な人材像を明確にする。

手順３：手順２で明確にした人材像が身につけるべき技能・技術・知識・能力・力量を明確にする。

手順４：手順３で明確にした人材が身につけるべき技能・技術・知識・能力・力量を発揮した場合にどのような良いことが起こるのか（もしくは，発揮しなかった場合にどのような悪いことが起こるのか）を明確にする。これが評価項目となる。

手順５：手順４で策定した評価項目の評価基準を具体的に設定する。評価項目や評価基準にCCUSやCPDを含めてもよいでしょう。

### ●●●「自社の存在価値」の評価項目・評価基準の策定方法

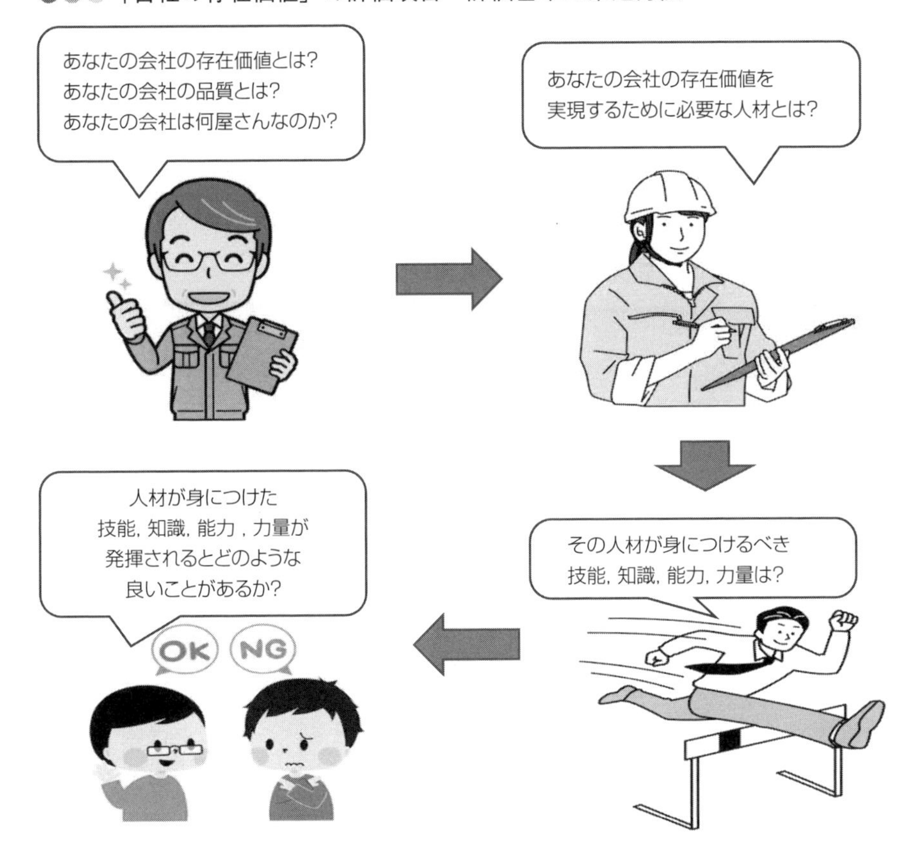


## ⑵　3年後（5年）の自社のあるべき姿を明確にする

あなたは，会社を3年後にどのようにしておきたいのですか？

- 売上を1.5倍にする
- 従業員数を25名にする
- 自社ビルを建設する
- 1級の施工管理技士を10名にする
- 公共工事の売上を5億円にする　など

特に思い浮かばない場合も，ぜひ一度真剣に考えてみてください。到達の期限は，移り変わりの激しい社会ですから通常３年を使いますが，５年後の設定でも構いません。ただ，10年は長すぎます。

この“３年後の自社のあるべき姿”は，具体的に達成度が判定可能な表記にしてください。ダメとは言いませんが，例えば「皆が活き活きと働ける職場の実現」などというのは好ましくありません。表現が抽象的であり，達成したか否かが主観的になるためです。

では，この２つ目のアプローチも手順とイラストで説明します。

手順１：自社の３年後のあるべき姿を明確にする。

手順２：手順１で明確にした自社の３年後のあるべき姿を実現するために必要な人材像を明確にする。

手順３：手順２で明確にした人材像が身につけるべき技能・技術・知識・能力・力量を明確にする。

手順４：手順３で明確にした人材が身につけるべき技能・技術・知識・能力・力量を発揮した場合にどのような良いことが起こるのか（もしくは，発揮しなかった場合にどのような悪いことが起こるのか）を明確にする。これが評価項目となる。

手順５：手順４で策定した評価項目の評価基準を具体的に設定する。

ここでも評価項目や評価基準に，CCUSのレベルやCPDの獲得ユニット数を含めてもよいでしょう。

●●●「自社の３年後のあるべき姿」の評価項目・評価基準の策定方法

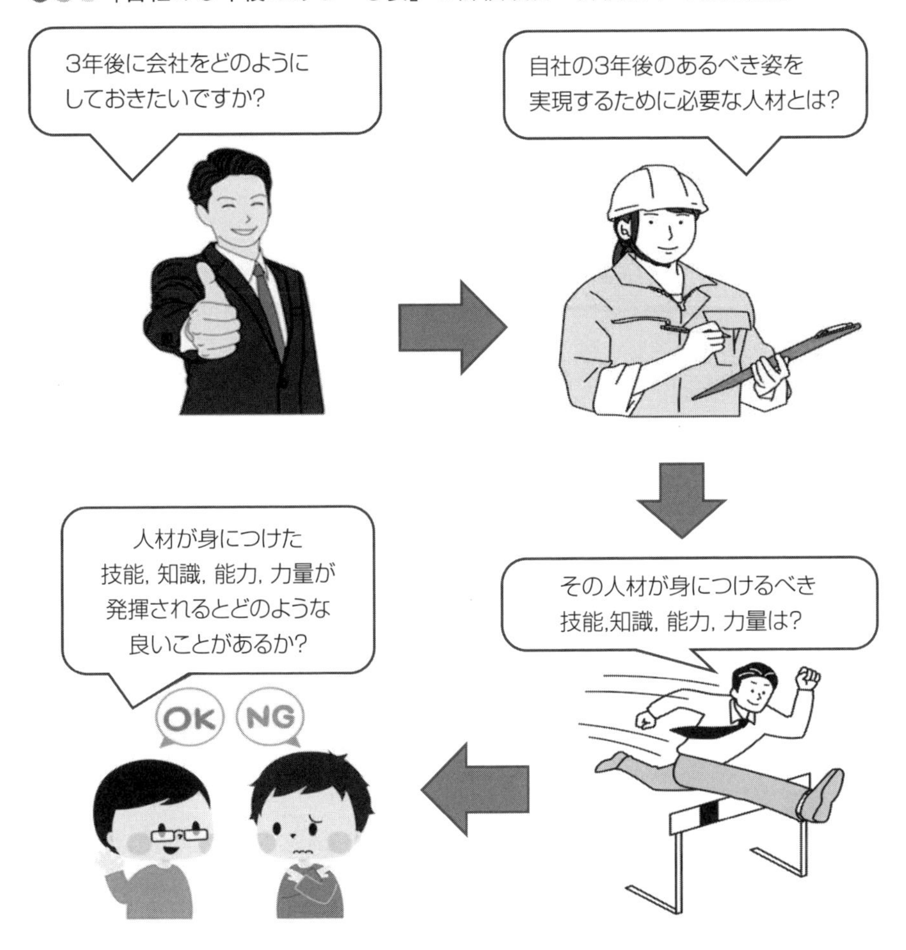


### ⑶　会社・社長の理想の人材を明確にする

社長であるあなたにとって（社長ではない場合はごめんなさい），理想の人材はどのような人材ですか？　また，会社にとって必要な人材はどのような人材ですか？　それを明確にして評価項目と評価基準を策定するのです。例えば，

- 自分が現場の社長であると意識して施工管理する人材
- 自分の損得を最優先するのではなく会社の利益を考慮できる人材
- 会社で起きるすべてのことを「自分ごと」と捉えられる人材
- 常に無駄を省くという考え方で業務処理できる人材
- 施工品質向上にどん欲な人材
- 社長のアイデアを具現化できる人材
- 「無」を「有」（0を1）にできる人材　など

そして，もう少し焦点を絞った考え方として，

- 創意工夫項目に妥協を許さない人材
- 自らの技能向上にまい進できる人材
- 発注者からの評定点数について有言実行で高得点を獲得できる人材
- 職人として，技能伝承・後継者育成を行える人材
- 安全最優先で作業できる人材　など

たくさんありますね。ちなみに前述の事例は，実際に社長から提案された実例です。この「社長にとっての理想的な人材」は，社長の独断や多少のわがままが含まれていても構いません（もちろん，社会通念上許されないことはダメですが）。

社長にとって「このような人材と一緒に働きたい！　それが実現できれば日々のモチベーションが向上する！」のであれば，どうぞ，その一緒に働きたい人材を文章化してください。

中小企業は社長次第なのです。その社長が日々，活き活きと仕事ができればおのずと業績も向上するのです。社長にとって一緒に仕事をすると気分が上がる人材とはどのような人材ですか？

決して冗談ではなく，真剣に考えてみてください。そして，そのような人材を育成してください。本項の「社長にとって理想的な人材」を明確に

することにより，そのような人材を新規雇用することに近づけるのです。

社長であれば，常に思っていることではありませんか？「このような人材と一緒に会社の将来を語りたいなぁ」「このような人材に自分の右腕になってもらいたいなあ」と。これらを思うだけではなく，実現していくことは会社が繁栄する近道ですし，社長自身が活き活きと企業経営を実現することなのです。

まずは社長自身が「社長にとって理想的な人材」を明確にして，

- そのような人材を育成する ⇨ 人事評価制度で
- そのような人材を雇用する

を実現してください。

では，この3つ目のアプローチも手順とイラストで説明します。

手順1：社長・会社の理想的な人材を明確にする。

手順2：手順1で明確にした社長・会社の理想的な人材が身につけるべき考え方を明確にする。

手順3：手順2で明確にした人材像が身につけるべき考え方が発揮された場合にどのような良いことが起こるのか（もしくは，発揮されなかった場合にどのような悪いことが起こるのか）を明確にする。これが評価項目となる。

手順4：手順3で策定した評価項目の評価基準を具体的に設定する。

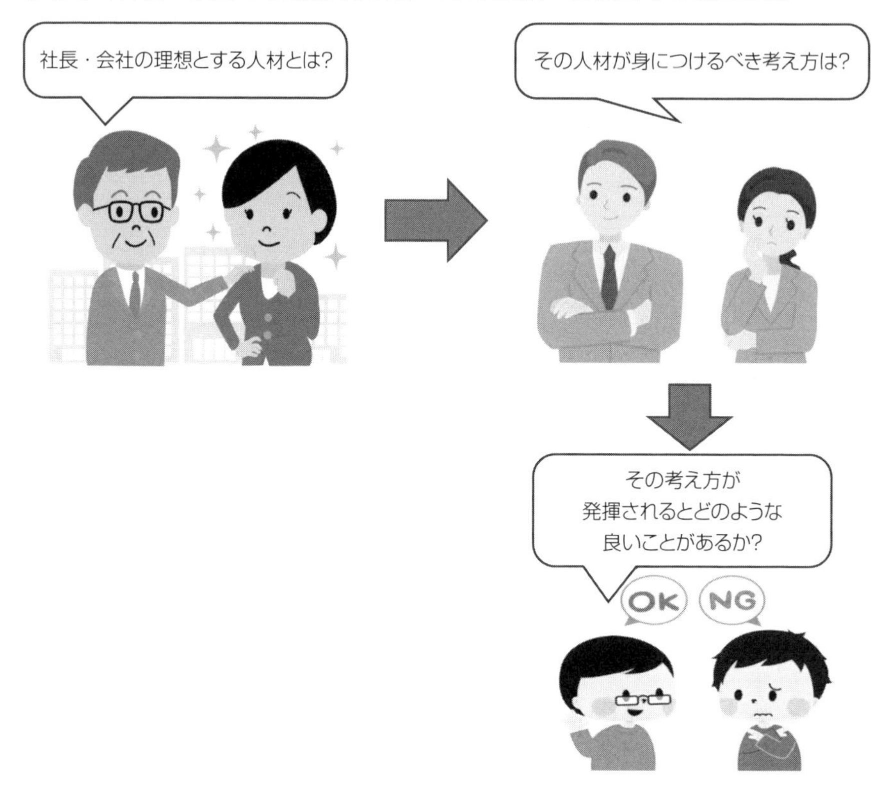


### ⑷ 理想の業務姿勢を明確にする

業務姿勢と聞くと少々堅苦しいと感じる方もいらっしゃるでしょうが，要は，勤務態度です。

では，なぜ，あえて“勤務態度”ではなく，“業務姿勢”という文言を使っているのでしょうか。

勤務態度と聞いて連想するのは，遅刻をしない，あいさつができる，約束を守るなどであり，それはそれで人事評価制度の評価項目として問題はないのですが，私としては，一歩先を行くではなく，もう一段上の，

**前向きな勤務態度　→　前向きな業務姿勢**

という想いを込めて“業務姿勢”とさせていただきました。

でも，あなたの会社が，

- **あいさつができていない**
- **遅刻者が散見される**

などの現状であれば，もちろん“勤務態度”であるあいさつや遅刻を評価項目としていただいても構いません。

では，勤務態度より一段上の“前向きな業務姿勢”についてはどのような評価項目がありうるのでしょうか。例えば，次のようなことです。

- **社長の推薦図書を読み，感想文を書く**
- **資格取得**
- **社内プロジェクトをリーダーとして推進　など**

要は，積極的な技能・技術・知識・能力・力量向上のための行動ということになり，まさにただ漠然と日々業務処理している「のほほん人材」ではなく，「一歩先を行く人材」ということになります。

この「一歩先を行く人材」を育成するための評価項目が当項目ですが，意図的にCCUSのレベルを向上させること自体や向上させるプロセスを評価項目にしてもよいでしょう。また，「一歩先を行く人材」になるためにCPDを活用する前提でCPD受講を評価項目にしてもよいでしょう。要は「一歩先を行く人材」とは，自分の価値を向上させることができる人材なのですから。

では，この4つ目のアプローチも手順とイラストで説明します。

手順１：理想の業務姿勢（勤務態度）を明確にし，これが評価項目となる。

手順２：手順１で明確にした業務姿勢（勤務態度）を反映した評価項目の評価基準を具体的に設定する。

●●●「理想の業務姿勢」の評価項目・評価基準の策定方法

## ⑸　自社の解決すべき課題を明確にする

「カンタンすぎる人事評価制度」の評価項目と評価基準を策定する最後のアプローチは自社の解決すべき課題を明確にすることから始まります。

**「あなたの会社の解決すべき内部，外部の課題は何ですか？」**

この質問は，私のISO審査活動（現在でも年間50回ほど担当）の経営者インタビューで必ず行う質問です。

稀に「課題ですか？　パッと思いつきません」と回答される方もいらっしゃいますが，私と５分も話していると「あっ，これが当社の課題ですね」と気づかれます。そうなんです。どんなに大企業であっても，どんなに経営が順風満帆であっても解決すべき課題がない企業はありえないのです。

あなたは自社の経営課題・解決すべき課題を認識していますか？　ここで一般論として建設業の経営トップが挙げる経営課題を見てみましょう。

- 顧客の開拓
- 売上の安定
- 人手不足・人材不足
- 人材育成
- 新技術への対応
- 資格者の増員
- 資材の高騰
- 建設ICTへの対応
- 労働時間削減
- 警備業者不足
- 安全への対応　など

5，6年前まで建設業に限らず経営トップの経営課題は「1位：お金のこと（売上確保，顧客開拓を含む）」「2位：人のこと」だったのですが，その後，「人のこと」が最重要課題になったのでしょう（ただ，産業全体ではコロナ禍もあり「お金のこと」が最重要課題に戻った感もありますが，コロナ禍の終焉もしくはコロナとの共存により，最重要課題は「人のこと」に戻るでしょう）。

建設業における最重要課題の「人のこと」は，広義に捉えると次のようになるでしょう。

- 人手不足
- 技能者・技術者不足・資格保有者不足
- 協力会社不足・職人不足
- 長時間労働への対応
- 人材育成

以上が建設業における経営上の最重要課題だとすると，建設業者として取り組まなくてはならないことが明確に見えてくるのではないでしょうか。すなわち，

**人材の「採用」「育成」「定着」**

この3つはすぐにでも取り組まなくてはなりません。

ISOの審査に伺う公共工事を主とする建設業者さんの中でも，この，人材の「採用」「育成」「定着」に取り組んでいる企業はまだまだ少なく，この3つのうち1つも取り組んでいない企業が8割を超える印象です。

私が社長であれば，すぐにでもこの3つについて並行して取り組みます。なぜ取り組まないのでしょうか。いざとなればM＆Aで売りさばいてしまうおつもりなのでしょうか。

では，この5つ目のアプローチを手順とイラストで説明します)。

| |
|---|
| 手順1：自社の解決すべき課題を明確にする。<br>手順2：手順1で明確にした自社の解決すべき課題を受けて，評価表を策定する部署の解決すべき課題を明確にする。<br>手順3：手順2で明確にした部署の解決すべき課題を解決するためにどのようなことを行うのかを明確にする。<br>手順4：手順3で明確にした部署の解決すべき課題を解決するため，やるべきことを参考に個人目標を立案し，これが評価項目となる。<br>手順5：手順4で策定した評価項目の評価基準を具体的に設定する。 |

●●●「自社の解決すべき課題」の評価項目・評価基準の策定方法

さて，次頁に「カンタンすぎる人事評価制度」の「人事評価表」を掲載します。

# 人事評価表

被評価者：＿＿＿＿　作成日：　年　月　日　作成者：＿＿＿＿　承認者：＿＿＿＿

| 会社名 | | 部署名 | |
|---|---|---|---|
| 1．自社の品質は何か？　自社の存存価値は？：会社全体 | | | |
| | 1-1．自社品質を実現させるために必要な人材はどのような人材か？ | | |
| | | | |
| | 1-1-1．自社品質を実現させるために人材が身につけるべき能力はどのような能力か？ | | |
| | | | |
| | | 1-1-2．その能力が発揮されたことの評価項目は（2つ） | |
| | | 1-① | |
| | | 1-①の評価基準 | 5点＝○○　3点＝△△　1点＝×× |
| | | 1-② | |
| | | 1-②の評価基準 | 5点＝○○　3点＝△△　1点＝×× |
| 2．3年後に会社をどのようにしておきたいか？ | | | |
| | 2-1．そのためにはどのような人材が必要なのか？ | | |
| | | | |
| | 2-1-1．その人材が身につけるべき能力はどのような能力か？ | | |
| | | | |
| | | 2-1-2．その能力が発揮されたことの評価項目は（2つ） | |
| | | 2-① | |
| | | 2-①の評価基準 | 5点＝○○　3点＝△△　1点＝×× |
| | | 2-② | |
| | | 2-②の評価基準 | 5点＝○○　3点＝△△　1点＝×× |
| 3．会社・社長の理想とする人材は？ | | | |
| | 3-1．その人材が身につけるべき考え方は？ | | |
| | | | |
| | | 3-1．その考え方が発揮されたことの評価項目は（2つ） | |
| | | 3-① | |
| | | 3-①の評価基準 | 5点＝○○　3点＝△△　1点＝×× |
| | | 3-② | |
| | | 3-②の評価基準 | 5点＝○○　3点＝△△　1点＝×× |
| 4．業務姿勢評価項目を2つ選ぶ | | | |
| | | 4-① | |
| | | 4-①の評価基準 | 5点＝○○　3点＝△△　1点＝×× |
| | | 4-② | |
| | | 4-②の評価基準 | 5点＝○○　3点＝△△　1点＝×× |
| 5．会社が解決すべき課題は？ | | | |
| | 5-1．会社が解決すべき課題を受けて、部署が解決すべき課題は？ | | |
| | | 5-1-1．部署の課題を解決するためにやるべきことを明確にする | |
| | | 5-1-2．5-1-1のやるべきことから個人目標を決定する | |
| | | 5-① | |
| | | 5-①の達成度評価基準 | 10点＝○○　6点＝△△　2点＝□□、0点＝×× |

| 総合評価 | | |
|---|---|---|
| | S：非常に良い | 42点以上 |
| | A：良い | 36点以上42点未満 |
| | B：普通 | 26点以上36点未満 |
| | C：悪い | 18点以上26点未満 |
| | D：非常に悪い | 18点未満 |

「カンタンすぎる人事評価制度」の評価項目（人材育成項目）は，９項目です。９項目のうち８項目が各５点満点，最後の９項目目が10点満点となります。結果，最高点は50点，最低点は８点となります。

総合評価は５段階評価となり，Ｂが普通となります。

<table>
<tr><td colspan="2">自社存在価値評価項目</td><td colspan="4">達成度配点</td></tr>
<tr><td>1-①</td><td></td><td>5</td><td>3</td><td colspan="2">1</td></tr>
<tr><td>1-②</td><td></td><td>5</td><td>3</td><td colspan="2">1</td></tr>
<tr><td colspan="2">３年後の自社のあるべき姿評価項目</td><td colspan="4">達成度配点</td></tr>
<tr><td>2-①</td><td></td><td>5</td><td>3</td><td colspan="2">1</td></tr>
<tr><td>2-②</td><td></td><td>5</td><td>3</td><td colspan="2">1</td></tr>
<tr><td colspan="2">会社・社長の理想人材評価項目</td><td colspan="4">達成度配点</td></tr>
<tr><td>3-①</td><td></td><td>5</td><td>3</td><td colspan="2">1</td></tr>
<tr><td>3-②</td><td></td><td>5</td><td>3</td><td colspan="2">1</td></tr>
<tr><td colspan="2">業務姿勢評価項目</td><td colspan="4">達成度配点</td></tr>
<tr><td>4-①</td><td></td><td>5</td><td>3</td><td colspan="2">1</td></tr>
<tr><td>4-②</td><td></td><td>5</td><td>3</td><td colspan="2">1</td></tr>
<tr><td colspan="2">自社の解決すべき課題・個人目標達成評価項目</td><td colspan="4">達成度配点</td></tr>
<tr><td>5-①</td><td></td><td>10</td><td>6</td><td>2</td><td>0</td></tr>
</table>

本章の「**2　CCUSで人材の価値を向上させる**」でも説明しましたが，

CCUSは人材の価値が向上したことを測る仕組みではありますが，レベル自体を向上させるための仕組みではありません。

ですから，**「人材の価値を認める仕組み」**であるCCUSと並行して**「人材の価値を向上させるための仕組み」**を策定・運用すべきであり，その本丸が「カンタンすぎる人事評価制度」です。このことは説明済みですね。

CCUS/CPDとセットで取り組む**「人材の価値を向上させる仕組み」**の導入の順番が以下のとおりです。

**順番1：「力量到達表」**
**順番2：「カンタンすぎる人事評価制度」**
**順番3：「カンタンすぎる人事評価制度：高評価獲得に向けた進捗管理」**

次項では，順番3を説明していきます。

## 11 CCUS/CPDとセットで取り組む「カンタンすぎる人事評価制度：高評価獲得へ向けた進捗管理」

「カンタンすぎる人事評価制度」は，評価基準が非常に明確です。

何ができれば高評価が取れ，何ができなければ悪い評価になってしまうのかが明確で，さらにあらかじめ評価対象者（人材）に評価基準を公表しますから，人材からすると，

**答えのわかっている試験を受けるようなもの**

なのです。

しかし，残念ながら高評価を獲得してくる人材は10％なのです。

この10％の人材は，どのようなことでも積極的に成果が出せる上位10％の人材といえます。その他の80％の人材は，評価基準をあらかじめ公表されたときは，これで自分も高評価が獲得できると思うのですが，日々の日

常の中で忘れてしまい，気がつくと評価期間の期末時期になっており，手遅れ状態となっています。

これは社長自身も同じかもしれませんね。どのようなことをすれば会社が良くなり，利益が向上するのかを理解したとしても，それが実施できない，そして時間ばかりが過ぎていく場合がいかに多いことでしょうか。

では，あなたの会社の多くの人材（80％の人材）に高評価を獲得してもらうためにはどうすればよいのでしょうか？　答えは簡単です。**管理してあげればよいのです**。たったそれだけなのです。

具体的には，３か月に一度，５分から10分の面接をするだけです。

要は，各評価項目の評価基準の最高点（８項目は５点，９項目は10点）を目指すのです。各項目の最高点（５点，10点）は，会社が人材に設定した「要求力量のハードル」（成果力量のハードルもある）ですから，その“ハードル”を越えるための管理手法といえます。

では，具体的にどのように管理するのかを説明していきます（詳細は，拙著である『今日作って明日から使う中小企業のためのカンタンすぎる人事評価制度』（2022年３月発行：中央経済社）をご参照ください。この本ではシンプルに説明します）。

| 自社存在価値評価項目 | | 達成度配点 | | |
|---|---|---|---|---|
| 1-① | | 5 | 3 | 1 |
| 1-② | | 5 | 3 | 1 |
| ３年後の自社のあるべき姿評価項目 | | 達成度配点 | | |
| 2-① | | 5 | 3 | 1 |
| 2-② | | 5 | 3 | 1 |

| 会社・社長の理想人材評価項目 | | 達成度配点 | | | |
|---|---|---|---|---|---|
| 3-① | | 5 | 3 | | 1 |
| 3-② | | 5 | 3 | | 1 |
| 業務姿勢評価項目 | | 達成度配点 | | | |
| 4-① | | 5 | 3 | | 1 |
| 4-② | | 5 | 3 | | 1 |
| 自社の解決すべき課題・個人目標達成評価項目 | | 達成度配点 | | | |
| 5-① | | 10 | 6 | 2 | 0 |

全９項目の最高点獲得を目指す

ハードル（目標）

例えば，建設会社設計部の評価項目と評価基準が次の場合，最高点数である５点を獲得するためにいつ，どのような活動を行うのか実施計画を立案し運用していくのです。

| 評価項目 | 施主様の立場に立ち設計業務・企画ができる⇨<br>顧客アンケート結果の年間平均点数 |
|---|---|
| 評価基準 | ５点＝9.1点以上，３点＝8.5点以上9.1点未満，１点＝8.5点以上 |

この「評価項目」と「評価基準」から最終的なハードル（到達点）は，以下のようになります。

| 到達点 | 顧客アンケートの年間平均点数＝ 9.1 点以上 |
| --- | --- |

この到達点に達するために最初の３か月間（例では４月～６月）でどのような活動をするのかを人材自らが計画し，その計画内容の妥当性について４月１日（３月末でも可）に上司（社長）と面接します。面接の結果，計画が甘ければ厳しく改善し，逆に計画が難しすぎる場合，３か月後に達成可能な計画に修正を施します。

そして，３か月経過後の７月１日に４月に計画した３か月間（例では４月～６月）の達成状況（実施状況）を上司（社長）とともに検証し，達成状況（実施状況）が思わしくなければ，是正を施します。さらに次の３か月（例では７月～９月）の実施事項を計画し，その計画内容の妥当性についても上司（社長）と妥当性を確認します。

この計画の中にCCUSのレベルアップにつながる資格取得を組み入れたり，CPDの教育受講を組み入れたりするとよいでしょう。

以降も前述同様に面接をしていきます。

向こう３か月間の計画を立案し（P：Plan：計画），その３か月間実施し（D：Do：実施），３か月終了後に達成状況（実施状況）を確認し（C：Check：検証），その結果を基に改善・是正や処置を施し（A：Act：処置，改善），その結果を次の計画に反映させる（P：Plan：計画）というPDCAを回していくのです。

これを実行することにより３か月に一度PDCAを回すことになります。PDCAの「A」は改善ですから，人事評価制度の運用を放置しておくことに比べて，改善の可能性が４倍ということになります。

さらに「カンタンすぎる人事評価制度」は，人材育成のツールですから，育成の可能性も４倍ということになります。

●●●人事評価制度の評価期間が４月～翌年３月の場合の進捗管理

<table>
<tr><td>4/1</td><td>P：計画</td><td>最高点の５点を獲得するための実施計画を立案</td></tr>
<tr><td>4/1</td><td colspan="2">4/1 ～ 6/30 の実施計画を基に面接</td></tr>
<tr><td>4/1 ～ 6/30</td><td>D：運用</td><td>実施計画を運用する</td></tr>
<tr><td>7/1</td><td>C：検証</td><td>運用結果を検証する</td></tr>
<tr><td>7/1</td><td>A：処置 / 改善</td><td>検証の結果，是正もしくは改善する</td></tr>
<tr><td>7/1</td><td>P：計画</td><td>是正もしくは改善を反映した実施計画を立案</td></tr>
<tr><td>7/1</td><td colspan="2">4/1 ～ 6/30 の運用結果と 7/1 ～ 9/30 の実施計画を基に面接</td></tr>
<tr><td>7/1 ～ 9/30</td><td>D：運用</td><td>実施計画を運用する</td></tr>
<tr><td>10/1</td><td>C：検証</td><td>運用結果を検証する</td></tr>
<tr><td>10/1</td><td>A：処置 / 改善</td><td>検証の結果，是正もしくは改善する</td></tr>
<tr><td>10/1</td><td>P：計画</td><td>是正もしくは改善を反映した実施計画を立案</td></tr>
<tr><td>10/1</td><td colspan="2">7/1 ～ 9/30 の運用結果と 10/1 ～ 12/31 の実施計画を基に面接</td></tr>
<tr><td>10/1 ～ 12/31</td><td>D：運用</td><td>実施計画を運用する</td></tr>
<tr><td>1/4</td><td>C：検証</td><td>運用結果を検証する</td></tr>
<tr><td>1/4</td><td>A：処置 / 改善</td><td>検証の結果，是正もしくは改善する</td></tr>
<tr><td>1/4</td><td>P：計画</td><td>是正もしくは改善を反映した実施計画を立案</td></tr>
<tr><td>1/4</td><td colspan="2">10/1 ～ 12/31 の運用結果と 1/1 ～ 3/31 の実施計画を基に面接</td></tr>
<tr><td>1/1 ～ 3/31</td><td>D：運用</td><td>実施計画を運用する</td></tr>
<tr><td>4/1</td><td>C：検証</td><td>運用結果を検証する</td></tr>
<tr><td>4/1</td><td>A：処置 / 改善</td><td>検証の結果，是正もしくは改善する</td></tr>
</table>

| | | |
|---|---|---|
| 4/1 | P：計画 | 是正もしくは改善を反映した実施計画を立案 |
| 4/1 | **前年度（前年 4/1 ～ 3/31）の運用結果と翌年度（4/1 ～翌年 3/31）のうちの 4/1 ～ 6/30 の実施計画を基に面接** | |

⋮

以下，繰り返し

169頁に示した１年後の到達点である「顧客アンケートの年間平均点数＝9.1点以上」の実現に向けての内容を下表で提示してみます。

| | | |
|---|---|---|
| 4/1 面接 | 4月-6月計画 | 過去の「顧客アンケート」の結果を分析し至らない点を明確にする。 |
| 7/1 面接 | **4月-6月の実績** | **過去３年間の「顧客アンケート」を分析し自分の弱点を把握した。** |
| | 7月-9月計画 | 弱点を克服する方法を明確にしてその方法を実施する。 |
| 10/1 面接 | **7月-9月の実績** | **弱点であった○○と■■を克服した。** |
| | 10月-12月計画 | 施主のライフスタイルを意識した質問を行い，その回答を設計に活かす。 |
| 1/4 面接 | **10月-12月の実績** | **施主の立場に立った質問を15項目設定し，質問し，設計に活かした。** |
| | 1月-3月計画 | 施主に「迷いはないですか？」メールを週１回送信する。 |
| 4/1 面接 | **1月-3月の実績 当期12か月の実績** | **施主からの評価が向上し，顧客アンケート結果が10点満点中 9.13点を獲得できた。** |
| | 翌期 4月-6月の計画 | ○○○○○○○○○○○○○○○○ |

以上，人材に対して高評価獲得のため進捗管理をすることにより，合計90％の人材が高評価を獲得することができるのです。

90％の人材が高評価を獲得するということは，企業経営が改善する，すなわち会社が儲かるということなのです。

ただ，残念ながら進捗管理をしたところで５～10％の人材には響きません。このような人材はある一定数存在するので割り切るべきなのですが，仮に10％の人材に響かないのであれば，10％を７％に７％を４％に改善していくことは可能です。組織が目標を達成するために全員で行動する組織風土にスパイラルアップしていくことができれば，おのずとそのような人材が集まってきます。そして，前向きな人材の割合が徐々に増えていき，強い組織を構築することができるのです。

あなたの会社は一歩先を行くだけではなく，強い組織を創ることができるでしょう。

## 12 CPDを人材育成に活用する

CPDは建設技術者の継続教育ですから，どちらかというと技術・知識を維持するための教育と理解される方もいらっしゃるかもしれませんが，ぜひ，育成に活用していただきたいものです。

当社は，愛知県建設業会館の７階に20年以上，本社事務所を構えています。当社が入居したころは，建設業関連組織だけが入居できるという基準があったのですが，「当事務所は行政書士として建設業関連手続きを中心に行っており，お客様も建設業者さんが半数以上を占めているので建設業関連組織といえるのではないでしょうか」と半ば強引にお願いして入居させていただきました。

その後，建設業関連組織だけが入居できるという基準は多少緩和されたのですが，相変わらず建設業関連組織の入居が多いです。例えば，一般社団法人愛知県建設業協会，建退協愛知県支部，建設業労働災害防止協会愛知県支部，一般社団法人日本建設業連合会中部支部などです。ここには，大講習室，小講習室1，小講習室2，会議室があり，毎日のように建設業関連の講習会，勉強会及びセミナーが開催されており，当然のようにCPDも盛んに行われています。

また，最近では通学のCPDだけではなくZoomによるネット講習も増えてきました。

ところで，このCPDを経審や総合評価の加点のためだけに仕方なく受講している技術者が多いことも承知していますが，非常にもったいないことです。

私が建設業者へのコンサルティング，ISO審査の際，毎回のようにお尋ねしていることは，「参加して『良かった』と思えたCPDはありますか？」「身になるCPDはありましたか？」です。

この質問に対して，3，4年前までは，「まぁ，経審や総合評価加点のためのユニット数獲得のために仕方なく参加していますわ」などの意見が多かったのですが，ここ最近は，「参考になる内容も結構ありますよ」というような意見が増えてきているのです。もちろん，このような感想はCPDの内容だけではなく，受講生の捉え方の変化にもあると思いますが，どのような状況であれ，ユニット数獲得のためだけに受講するというのはあまりにももったいないことです。

CPDの内容は，それなりの知識を持っている講師が技術者に伝えるべくして講義しているのですから，受講生の受け止め方次第で有益な知識を身につけられると思うのです。

ぜひ，組織としてもCPDを人材育成のツールとして活用していただきたいのです。では，CPDをどのように人材育成のツールとして活用できるのでしょうか。

本章の9，10では，「カンタンすぎる人事評価制度」について説明しましたが，その「人事評価表」の評価項目，評価基準にCPDの受講や獲得ユニット数を入れ込むことができます。

また，本章の11では，「カンタンすぎる人事評価制度」において，高評価を獲得するための管理手法を説明しました。その高評価を獲得するために，いつ何をするのかの“何”にCPDを入れ込むこともできるでしょう。

CPDを受講している技術者の時間給（給与）は，会社が負担しているのですから人材の時間をどのように使おうが，会社の勝手だといえないこともありませんが，前向きな人材からすれば，自分の貴重な時間をスキルアップのために活用したいものです。

ユニット数獲得のためという目的を達成しなくてはならないのであれば，実施に活用できる知識が身につくCPD，自らの価値を向上させることができるCPD，自社の工法に適した知識を得られるCPDを受講したいものです。

CPDを人材育成に活用できている建設業者であれば，

- 受講するCPDをどのように選んでいるのか？
- CPDをどのように活用して人材育成が実現できたのか？
- CPDと自社の教育訓練制度をどのようにリンクさせているのか？

など，具体的な内容を人材採用の際のハローワークの「求人票」や，自社採用サイトに詳しく記載すべきです。

このことが，人材の価値を向上させることができる建設業者であることの根拠となるのです。

## 13 建設業者が人材採用に活用できるその他の仕組み

建設業者が人材を募集する際の強みとなりうる仕組みについて，ここでは，ISO9001（QMS：品質マネジメントシステム）とISO45001（OHSMS：労働安全衛生マネジメントシステム）の２つについて説明します。

ISOについて良い印象をお持ちでない建設業者さんも多数いらっしゃる

ことでしょう。それは，非常に残念ではありますが，ISOの専門家として25年以上活動してきた身として言わせていただきます。

**ISOに悪い印象をお持ちの建設業者さんはISOを理解できなかった，**

**ISOを使いこなせなかった**

のどちらか，もしくは両方でしょう。

建設業者さんがISOを認証取得する理由は様々です。例えば，

- **経審や総合評価の加点のため**
- **施工品質を向上させるため**
- **安全性を高めるため**

などでしょう。他にもあると思いますが，建設業者さんがISOに取り組む一番の理由は，何といっても“経審や総合評価の加点のため”ですね。

それであれば，最低限の仕組みを構築・運用して，認証取得すればよいのです。

私は，経審や総合評価の加点のためだけを目的として最低限の仕組みでISOの認証を取得しようと考えていた建設業者さんが，とても重い仕組みを構築して苦しんでいる事例を数多く見てきました。なぜ，そのようなミスマッチが起きてしまうのでしょうか。正直，コンサルタントに原因があります。

私は，主任審査員として1,400回以上の審査経験があります。実はこの「主任審査員としての膨大な数の審査経験」が重要なのです。

仮に私に審査経験がなく，ISOコンサルタントの経験が100社あったとしても，極論をいうと，自らが開発した１つの仕組みを（もしくは誰かから学んだ１つの仕組みを）100社に導入したにすぎません。

しかし，主任審査員として膨大な数の企業を審査していますと，「こういうやり方もあるんだ」「これはまずいな」「これはシンプルでよい」など膨大な事例を確認・体験できるので，コンサルタントとして指導する際に

も重要な知識を得ることになります。

このことは，ISOコンサルティング・指導というアウトプットの場だけではなく，人事制度・人事評価制度コンサルティングの場においても同様です。ISO9001の審査の場では，私はISO9001の要求事項である「7.2 力量」「7.3 認識」との関連から人事制度，人事評価制度及び人材育成制度にも触れることにしているからです。要は，ISO9001の審査経験が私の企業へのコンサルティング・指導というアウトプットの重要な知識吸収の場となるのです。

正直，私はISO審査業務が大嫌いです。なぜかというと非常に気を使うからです。しかし，企業へのコンサルティング・指導というアウトプットの場がある限り，知識の吸収の場である（インプット），ISO審査業務をやめるわけにはいかないのです。なぜなら，ISO審査の場は，お客様に満足いくコンサルティングを提供するうえで知識を仕入れ，ブラッシュアップするために必要だからです。

インプット
ISO審査の場

アウトプット
コンサルティング・指導の場

コンサルタントとしての
知識の吸収〜醸成プロセス

話が少々逸れましたが，“経審や総合評価の加点のため”に最低限の仕組みを構築・運用して，ISOを認証取得すればよい建設業者が重い仕組みのISOで苦しんでいることは非常に不幸なことです。

多くの建設業者さんがISOの認証を取得する理由が“経審や総合評価の加点のため”であることは理解しています。そのような建設業者さんの社長と腹を割って話す機会もあるのですが，その際，多くの社長さんから言われることは「せっかくISOに取り組んでいるのだから活用したい」ということです。

これが，ISOに取り組んでいる建設業の社長の本音ではないでしょうか。ただ，

- **活用の仕方がわからない**
- **さらに大変な仕組みになりそうで怖い**
- **費用が増えそうで後回しにしている**

などの理由で結局，そのままになっているのでしょう。

ISO9001を使い倒すことについては第2章の5で説明しましたのでこれくらいにしておきますが，本項の本題であるISO9001やISO45001を人材採用に活用することを考えてみましょう。

では，ISO9001，ISO45001で人材の採用・育成のためになる取組みがどれくらいあるのかを考えてみましょう。そして，その取組みはハローワークの「求人票」や自社採用サイトでPRしていきましょう。

次表は，ISO9001（QMS：品質マネジメントシステム）とISO45001（OHSMS：労働安全衛生マネジメントシステム）において，建設業者の人材採用に有利に働く内容です。

●●● ISO9001（QMS：品質マネジメントシステム）

| 規格要求 | PRすべき取組み事例（抜粋） |
|---|---|
| 4.1　組織及びその状況の理解 | 自社の解決すべき内部の課題として「人材育成」「長時間労働削減」「事故防止」に積極的に取り組んでいる。 |
| 4.2　利害関係者のニーズ及び期待の理解 | 従業員を利害関係者と位置付け，従業員からのニーズ及び期待に対応している。 |
| 5.1　リーダーシップ及びコミットメント | 経営者・経営層として頼れる存在として責任ある行動をしている。 |

| 5.2　方針 | 「品質方針＝経営方針」を掲げ，方針を実現する組織の実現に向けて努力している。 |
|---|---|
| 6.1　リスク及び機会への取組み | 自社の抱えるリスクを明確にしたうえで，そのリスクの防止・低減に努めている。<br>また，望ましい影響を増大する機会を明確にして取り組んでいる。 |
| 6.2　品質目標及びそれを達成するための計画策定 | 自社の進むべき経営に関する目標を策定し，達成のための計画を立案したうえで，取り組んでいる。 |
| 7.1.4　プロセスの運用に関する環境 | 建設業を営むうえで人材が安心して働ける職場環境を整えている。 |
| 7.1.6　組織の知識 | 業務遂行に有益なノウハウを蓄積して使用できる状態にしてある。 |
| 7.2　力量 | 作業ごとに人材が身につける力量を明確にしたうえで，身につけさせている。 |
| 7.3　認識 | 人材が認識すべきことを明確にして認識させている。 |
| 7.4　コミュニケーション | 社内・社外の情報共有の仕組みを策定し，情報共有をしている。 |
| 7.5　文書化した情報 | 文書の発行・管理の仕組みを策定し運用している。 |
| 8.1　運用の計画及び管理 | 施工計画を明文化したうえで施工している。 |
| 8.4　外部から提供されるプロセス，製品及びサービスの管理 | 自社の評価基準をクリアした協力業者に発注している。 |
| 8.6　製品及びサービスのリリース | 施工業者として責任をもって最終検査を実施している。 |

| | |
|---|---|
| 9.2　内部監査 | 自分たちの行動が正しいのかを自ら監査している。 |
| 10.2　不適合及び是正処置 | 苦情対応の仕組みを策定し運用している。<br>不良施工や問題発生に対して再発防止策を実施している。 |

●●● ISO45001（OHSMS：労働安全衛生マネジメントシステム）

| 規格要求 | PRすべき取組み事例（抜粋） |
|---|---|
| 4.1　組織及びその状況の理解 | 働く人の労働に関係する負傷及び疾病を防止及び安全で健康的な職場を提供するために解決すべき内部の課題を明確にして解消に取り組んでいる。 |
| 4.2　利害関係者のニーズ及び期待の理解 | 従業員を利害関係者と位置付け，従業員からのニーズ及び期待に対応している。 |
| 5.1　リーダーシップ及びコミットメント | 経営者・経営層として頼れる存在として責任ある行動をしている。 |
| 5.2　方針 | 働く人の労働に関係する負傷及び疾病を防止し，安全で健康的な職場を提供するための方針を策定し実現に取り組んでいる。 |
| 5.4　働く人の協議及び参加 | 自社は働く人たちとの協議の場を設けている。 |
| 6.1　リスク及び機会への取組み | 働く人の労働に関係する負傷及び疾病を防止及び安全で健康的な職場を提供するために自社が抱えるリスクを明確にしたうえで，そのリスクの防止・低減に努めている。<br>また，望ましい影響を増大する機会を明確にして取り組んでいる。 |
| | 人材が負傷及び疾病に見舞われる可能性のある危険源を洗い出し，対策をとっている。 |

| | |
|---|---|
| | 働く人の労働に関係する負傷及び疾病を防止し，健康的な職場を提供するために遵守すべき法令や要求事項を明確にしている。 |
| 6.2　労働安全衛生目標及びそれを達成するための計画策定 | 働く人の労働に関係する負傷及び疾病を防止し，安全で健康的な職場を提供するための目標を策定し，達成のための計画を立案している。 |
| 7.2　力量 | 働く人の労働に関係する負傷及び疾病を防止し，安全で健康的な職場を提供するための人材が身につける力量を明確にしたうえで，身につけさせている。 |
| 7.3　認識 | 人材が認識すべきことを明確にして認識させている。 |
| 7.4　コミュニケーション | 社内・社外の情報共有の仕組みを策定し，情報共有をしている。 |
| 7.5　文書化した情報 | 文書の発行・管理の仕組みを策定し運用している。 |
| 8.1　運用の計画及び管理 | 働く人の労働に関係する負傷及び疾病を防止し，安全で健康的な職場を提供するための取組みを運用している。 |
| | 自社だけではなく協力業者の労働安全衛生マネジメントシステムにも適合させている。 |
| 8.2　緊急事態への準備及び対応 | 労働安全衛生上の緊急事態を想定し，対策をとっている。 |
| 9.1.2　遵守評価 | 働く人の労働に関係する負傷及び疾病を防止し，安全で健康的な職場を提供するために遵守すべき法令が遵守されているのかを評価している。 |

| | |
|---|---|
| 9.2　内部監査 | 自分たちの行動が正しいのかを自ら監査している。 |
| 10.2　インシデント，不適合及び是正処置 | 事故，疾病につながる事象を見逃さない取組みをしている。 |
| | 起きてしまった事故，疾病の再発防止策を実施している。 |

上表では，少々味気ない表現にしましたが，求職者にPRするときは，魅力ある表現・文章にすることが重要です。

例えば，ISO9001の「7.1.6　組織の知識」の「業務遂行に有益なノウハウを蓄積して使用できる状態にしてある」については，

> **当社では，技能者・技術者が作業に迷わないように作業のコツや迷ったときの対処方法を記した『虎の巻』がありますから，中途入社された方でも安心して作業できます。**

と表現してはいかがでしょうか。

採用のお手伝いをさせていただくとき，当該企業の売りとなることを最大限聞き出すのですが，ISO9001やISO45001に取り組んでいる建設業者であれば，上表のとおりネタがたくさんあるので非常に容易に売りとなる表現が可能ですね。

また，以上について，自社の仕組みを構築し，マニュアル化したうえで，第三者から認証を受けていることもPRしましょう。

第5章

# 建設業で働く人材を育成するためには――CCUS・CPDを育成ツールとして活用

## 1 人材が安心して働くことができるCCUS

あなたの会社ですでに働いている人材，これから採用する人材のいずれにも，さらなる人材育成を実現するためにCCUSを活用していただきたいと思います。

CCUSは人材の価値を認めるツールですね。また，人材の価値を高めるトリガー・きっかけにもなるツールです。

通常，雇用されている人材の能力が向上した場合，次の場合を除いてそれを明確にすることができません。

- **試験に合格して「合格証」を手にする**
- **職能資格等級が向上し上位等級に格付けされる**
- **保有力量が向上して「力量表☆」に記載される　　など**

あなたの会社が「職能資格等級制度」を導入していたり，「力量表☆」を運用していたりするのであれば，人材の能力向上が明確に認識できますが，中小建設業において，このような制度を導入している事例は少ないと思います。これらの制度はぜひ導入していただきたいのですが，CCUSにおいては，これらの制度とは関係なく，能力が向上したときに申請することにより上位カードが発行されますので，会社はもとより本人が能力向上できたことを実感できるでしょう。

(☆)：人材が保有する力量を明確にした表。「スキルマップ」ともいいます。「力量到達表」とは異なります。

すでに雇用している人材，これから中途採用する経験者及びこれから採用する人材（新卒，中途採用を問わず）が**安心して働くことができる仕組みがCCUS**といえます。

「えっ？　人材が安心して働くことができる仕組みがCCUS？」と思われるかもしれませんが（ここまで本書を読んでくださった皆さんは，そんなことはありませんよね），これは事実なのです。

私の関与先の建設業者に，人材の採用は上手なのですが，定着率が非常に悪く，せっかく採用した人材の多くが退職してしまう会社があります。まさにザルに水を汲み入れているような建設業者です。

なぜ，そのようなことが起きてしまうのでしょうか？　マネジメントシステムの専門家，そして原因追究の専門家として自負のある私としては，その相談を受けたときに定着率が非常に悪い・離職率が高いことにも必ず原因があると思いました。

その原因追究はすんなりいかなかったのですが，粘り強く追究した結果，採用された人材として，「○年後に自分はどのようになっているのか？」「自分の価値は上がっているのか？」「○年後にはどのような作業ができるようになっているのか？」「○年後にはどのような技能・技術・知識が身についているのか？」などがイメージできずに不安になった結果，退職する人材が多かったことがわかったのです。

退職した人材は，前述のような不安から，即退職の道を選んだのではなく，先輩や上司に確認したのですが，その回答のほとんどが，

**「君次第だよ」「努力次第かなぁ」**
**「だいたい○年くらいかかるかな」（この“○年”は，通常よりも多めの年数を伝えられた）**
**「まぁ，そう焦らないで」**

などの何とも納得できない回答ばかりであり，育成プランがどのようなものかと探ってみるとそのようなものは存在せず，人材育成の方法も「背中を見て覚えろ」「先輩から盗め」という体の良いOJTもどきばかりでした。

要は人材育成の仕組みなどは存在しないのです。その結果，後輩から「私はどれくらいで一人前になれますか？」といった質問に対して前述のようなあいまいな回答をせざるを得ないのでしょう。しかも，“だいたい

○年くらいかかるかな”の“○年”は，通常より多い年数を伝える傾向にあり，それを聞いた後輩はげんなりしてしまうことも事実なのです。

もちろん例外もあるでしょう。しかし，職人や技能者の世界では，積極的に後輩を育成しようという姿勢を全面的に出さない傾向があります。

本書でもさんざんお伝えしたように，優良人材の多くは「自分の価値を向上させること」に興味があり，それができる企業が優良企業なのです。

このような日常を過ごして，そこで自分より先に入社した人材が次々退職していく事実を目の当たりにしたとしたら，これはもう負のスパイラルです。その結果，自らも退職することになるのでしょう。

ここで挙げた会社は，そもそも未経験の中途入社が多く，求人を募集する際も「20～30歳代の未経験中途採用者」をターゲットにしていました。「当社に入社することにより○○の技能・技術が身につき，自らの力で収入を得ることができます！」という募集方法をとっており，その求人内容に期待して入社してきた人材ですから，自らが○年後にどのようになっているのかは非常に重要なのです。

さらに問題なことは，期待を持って入社してきた人材からしてみると，その期待を裏切られた結果になり，その会社に対して負の思いが蓄積され，その結果，当該企業の転職市場における評判が落ちる一方なのです。

市場に出回っている商品・サービスも同様ですね。期待を持って購入した商品・サービスが期待値を大きく下回った場合はクレームとなりえます。

大した期待をせずに購入した商品・サービスの場合はクレームになる可能性は低いでしょう。

このような会社に必要なことは，人材定着の仕組みです。人材定着の仕組みとは人材育成の仕組みです。そこで導入したのがすでに説明済みの「力量到達表」です。そして，この「力量到達表」同様に人材定着の仕組みとなりうるのがCCUSなのです。

CCUSは，レベルごとに設定された就業日数や職長経験期間などにより

“○年後の自分”を予測することが可能です。ですから，**人材としては安心して働くことができる**のです。

ただ，CCUSの限界もあります。その限界をフォローする方法の詳細は次々項で説明します。

## 2　CPDの有効活用

CPDをユニット数獲得のために漠然と受講させていることは非常にもったいないのです。

本来，セミナーや勉強会には受講目的があります。そして，受講目的を達成できたのかを検証する必要もあるのです。そうです！　セミナーや勉強会受講のPDCAを回す必要があるのです。セミナーや勉強会受講のPDCAとは，以下のとおりです。

- 会社や本人が決定した目的を達成するためのセミナー・勉強会の受講を計画する ⇨ Plan：計画
- 計画したセミナー・勉強会を受講する ⇨ Do：実施
- 受講したセミナー・勉強会を受講して目的を達成できたのかを検証する ⇨ Check：検証
- 検証の結果，目的が達成できたのであればさらなる目的を達成するために次のセミナー・勉強会を探し出す。目的が達成できなかったのであれば，なぜ，当該セミナー・勉強会では目的を達成できなかったのかを明確にして別のセミナー・勉強会を探し出す ⇨ ACT：改善，処置

以上が，一般的なセミナー・勉強会受講のPDCAですが，ここでは，CPDのテーマから逆算して活用する方法を考えてみましょう。

例えば，新しい工法である「○○工法初期勉強会」というCPDがあっ

たとします。このセミナー・勉強会の目的は〇〇工法がどのようなものであるのかを理解することです。であれば，「〇〇工法の理解」が当CPDの受講目的となります。そこで，“〇〇工法を理解する”ということの基準を明確にしておかなければなりません。受講後にどのような状態になれば「〇〇工法を理解できた」ということになるのかをあらかじめ設定しておくのです。決して，受講後の後付けではいけません。あくまで“あらかじめ”設定することが必要です。

この基準とは，例えば，〇〇工法について他の監理技術者にわかりやすく説明できるようになる，などですね。このことは，「カンタンすぎる人事評価制度」における評価項目で最高点の５点を獲得するための評価基準策定と同様の考え方です。ムダとまでは言いませんが，有益とは言えないセミナー・勉強会の受講では，

- **受講した内容が理解できない**
- **受講した内容を理解できたが，すぐに忘れる**
- **「いい話を聞いた」という感想はあるが，その知識を活用しない**

という状態になることでしょう。

セミナー・勉強会で仕入れた知識を即活用できればよいのですが，なかなかそのようなチャンスに恵まれないこともあるでしょう。

そのような場合は，まずは，仕入れた知識を社内で共有するのです。社内で共有するとは，

- **仕入れた知識がどのようなものであったのかを簡潔に文章にまとめ，社内で共有する**
- **自らが講師となり同内容のセミナーを開催する**

ということです。

ヒトは，耳から聞いたことを驚くほど記憶できていません。エドガー・テールの「記憶のピラミッド」によると，講義を受講した場合，記憶に残るのは５％ほどだそうです。しかし，受講した内容を実践することにより75％が残り，受講内容を他の人材に教えることにより90％も残るのです。だからこそ，特に“自らが講師となり同内容のセミナーを開催する”ことが重要になってくるのです。

余談ですが，私は「ヒトは他人を変えられない」と思っています。

ですから，会社から無理やり行かされる自己啓発セミナーは意味がないと思っています。意味がないどころか反感を覚えて帰ってくる人材が多いのも事実です。反感を覚えるとまではいかなくても，例えば「いい話を聞いた」という良い感想を持ったとしても，その「いい話」の95％を忘れているのです。ですから，自己啓発セミナーに人材を参加させている社長・会社があれば即刻やめるべきでしょう。

私は自己啓発セミナーがムダだと言っているのではなく，“会社から無理やり行かされる自己啓発セミナーは意味がない”と言っているのです。逆に言うと，自らの意思で参加する自己啓発セミナーは有益でしょう。そのため，社長・会社がやるべきことは，人材自身に「この自己啓発セミナーを受講したいです」と思わせることですね。

話を戻しましょう。CPDを有効活用するためには，受講した内容を基に社内講師となり社内で共有することが一番であり，それが難しい場合は，受講した内容を簡潔な文章にまとめ社内で共有すべきでしょう。

また，ここまでの話を踏まえると，すぐに実務に活用できるテーマのCPDを選択することにより，CPDで講義を受けた内容の75％が記憶に残ることになります。

## 3 人材育成におけるCCUSとCPDの限界

第4章2では，“CCUSは人材の価値が向上したことを測る仕組みではありますが，レベル自体を向上させるための仕組みではありません。”と説明しました。

要するに，CCUSは人材の価値を向上させる仕組みではないのです。

そのために「人材の価値を向上させる仕組み」をCCUSとセットで運用する必要があると説明しました。

「人材の価値を向上させるための仕組み」とは，「職能資格等級制度」「人材育成制度（教育訓練制度）」「人事評価制度」「賃金制度」でしたね。

●●● CCUSと人材の価値を向上させる仕組みの関係（再掲）

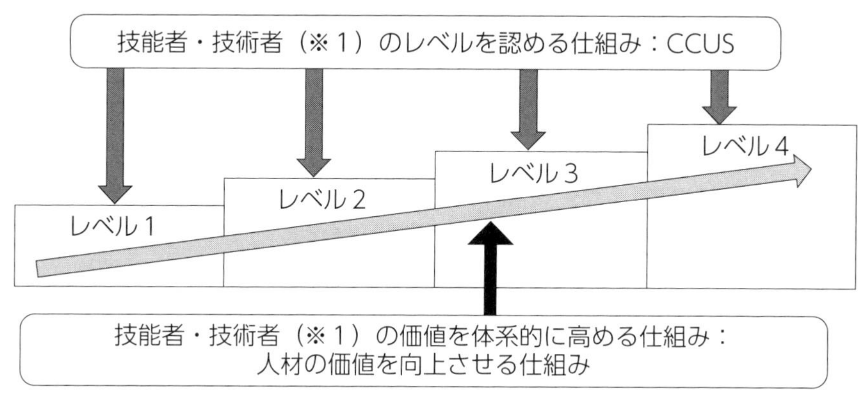


（※1）CCUSには技能者だけではなく技術者も登録すべきとの私見から，技能者だけではなくあえて技術者を含めました。

あなたの会社では，ぜひCCUSと「人材の価値を向上させるための仕組み」である「職能資格等級制度」「人材育成制度（教育訓練制度）」「人事評価制度」「賃金制度」をセットで運用してください。

ただ，この4つの仕組みですが，一度に導入することはハードルが高いかもしれません。であれば，導入の優先順位をつけるべきです。

以下がCCUSとセットで運用する場合の導入の優先順位です。

1．「人事評価制度」
2．「人材育成制度（教育訓練制度）」
3．「職能資格等級制度」「賃金制度」
（導入の優先順位は状況によりフレキシブルに判断する）

まず，第1優先順位は何といっても「人事評価制度」です。しかし，一般的な評価基準があいまいな人材育成につながらない人事評価制度ではだめです。「カンタンすぎる人事評価制度」のような評価基準が非常に明確であり人材育成を目的とした人事評価制度であることが必要です。

「カンタンすぎる人事評価制度」のような人材育成につながる人事評価制度であれば，CCUSのレベルを向上させることができ，さらにCCUSでは考慮されていない“職業人として評価されるべきマネジメント能力や仕事の出来栄え等”（第4章7参照）についてもレベルを向上させることができるのです。もちろん，CCUSのレベルで要求されている内容についても評価項目や評価基準に含め，連動させてみましょう。

次に，第2優先順位の「人材育成制度（教育訓練制度）」です。

これは，「力量到達表」と「カンタンすぎる人事評価制度：高評価獲得に向けた進捗管理」でしたね。

「力量到達表」については，入社1週間後，1か月後，3か月後，半年後，1年後，3年後，5年後，10年後などの人材が到達すべき（保有すべき）力量・知識・技能・能力を明確にしたものです（注：「力量到達表」を単独で導入する場合は，「人事評価制度」より優先的に導入してもよい）。

「カンタンすぎる人事評価制度：高評価獲得に向けた進捗管理」は，「カンタンすぎる人事評価制度」の「人事評価表」の各評価項目の最高点を獲得するためにどのような活動を行っていくのかのPDCAを3か月で回していくための活動です（1年で4回，PDCAを回す）。このことにより，約90％の人材がS－A－B－C－Dの5段階の上位2段階であるS評価・A

評価を獲得することができます。

想像してみてください！　あなたの会社の約90％の人材が上位２段階であるＳ評価・Ａ評価を獲得したということは，あなたの会社が良くなること・収益が改善されることを意味するのです。

第３優先順位は，「職能資格等級制度」「賃金制度」です。

「職能資格等級制度」は，会社が人材に対して要求する技術・技能・知識・能力・力量のハードルでしたね。組織によっては「職能資格等級定義表」を最初に策定する場合もあり，最初から「人事評価制度」と「職能資格等級制度」の両方を導入することがわかっている場合は，「職能資格等級定義表」を「人事評価制度」よりも先に策定します。

ただ，同時に導入しないのであれば，「人事評価制度」を先に導入することが必要でしょう。

蛇足かもしれませんが，「人材の価値を向上させる仕組み」として一番簡単な方法は，「カンタンすぎる人事評価制度」を導入して運用することです。

なぜなら，「カンタンすぎる人事評価制度」は人材育成の仕組みでもあるからです。

以上の４つの仕組みをCCUSと連動して運用することがCCUSを徹底活用するためには必要であり，人材を育成するために必要な取組みとなります。

次にCPDの限界を考えてみましょう。CPDは，ある一定のレベルをクリアした技術者に対する継続的な教育ですから，将来の技術者や技術者見習いに対する教育という観点が薄いと感じます（もしくは非対象）。

そして，どちらかというと技術者の力量を高めることよりも一定のレベルを維持することに主眼を置いているようにも思えます。もちろん，実務を遂行するうえで必要な能力を開発するための継続教育ですから，“必要な能力の開発”が含まれており，様々な建設関連技術などが開発されていく中で，すでに身につけている知識をブラッシュアップさせ今後も活用していくための教育でもあるでしょう。

以上のようなことから，将来の技術者・技術者見習いへの教育という観点が薄いと思えるのは致し方ないのですが，CPDをさらに活用するために，将来の技術者・技術者見習いに対しても力量向上の仕組みが必要となり，その仕組みこそが，前述の仕組みである「人材育成制度（教育訓練制度）」「人事評価制度」なのです。

そのため，この2つの仕組みをCPDと連動して運用する必要があるのです。

技術者の価値を維持し開発する仕組み：CPD
将来の技術者及び技術者の価値を体系的に高める仕組み：カンタンすぎる人事評価制度
人材育成制度

将来の技術者
技術者見習い

**技術者**

技術者の価値を維持し高める仕組み：CPD

将来の技術者（見習い）及び技術者の価値を体系的に高める仕組み：カンタンすぎる人事制度

第6章

# 建設業で働く人材を定着させるためには――CCUS・CPDを定着ツールとして活用

## 1 CCUSを人材定着に活用する

### 人材の価値を向上させる

これは人材定着にも有効なことでしょう。

そのためには，人材に「自分の価値が向上したこと」を認識してもらわなくてはなりません。その有効な手段が，CCUSのレベル３，レベル４のシルバー，ゴールドカードを自社人材に積極的に取得させることです。そして，そのための支援を会社として行うのです。具体的な支援方法は以下のとおりです。

- 各レベルに必要な資格取得支援を行う
- 各レベルに必要な資格取得を人事評価制度の評価項目に入れる
- 各レベルに必要な講習を受講させる
- 各レベルに必要な職長・班長経験を積ませる　など

さらに各カード所有者（各レベル）の氏名を社内に掲示しましょう。

28年に及ぶ人事管理・人事制度の専門家として申し上げられることは，自分自身の良い成果が掲示されることは95％の人材にとって嬉しく，励みになるのです。皆さんも次のような経験はありませんか？

- 自らの改善提案がどうなったのかが気になり，採用されると嬉しい
- 自らの食べログへの投稿が表示されるかが気になり，表示されると嬉しい
- 自分のSNS投稿への反応が気になる　など

これらのことからもCCUSのレベルについても社内で掲示されてはいかがでしょうか。これもCCUSを活用した人材定着方法の１つです。

また，人事評価制度との連動も人材定着に有効であることはいうまでも

ありません。

## 2　CPDを人材定着に活用する

序章の4では，“CPDについても積極的に活用しているのではなく，総合評価の加点のために仕方なく受講している業者さんが多いのが事実です”と説明しましたが，実は人材側としては，

- 受講したいCPDがあるがなかなか受講できない
- 積極的にCPDを受講したい

という人材が存在していることも事実です。

このことは，現在でも現役で続けているISO主任審査員としての活動を通して私自身が肌で感じていることです。人材側からすると，「現場があるから受講できない」「現場がない時でも『受講したい』と言い出しにくい」のです。

CPDは人材の価値を向上させるためのツールです。そのツールを積極的に活用している建設業者であることをPRすべきだと思います。

また，CPDもCCUS同様に人事評価制度と連動させなくてはいけません。では，CPDと人事評価制度をどのように連動させるのでしょうか。

一番考えられる方法として，人事評価制度の評価項目としてCPD受講を入れるのです。そして，評価基準として次のようにすればよいでしょう。

**獲得ユニット数：５点＝20以上　３点＝１～19　１点＝0**

この場合，施工期間が長期の場合で配置技術者が１人の場合は工夫が必要です。また，CPDで得られる知識や力量の獲得を評価項目としてもよいでしょう。

## 3 公共工事を受注して人材定着につなげる

人材の価値を向上させることができる企業は，人材採用においても，人材定着においても非常に有利であることはすでにお伝えしました。人材の価値の向上については，力量の向上がありましたね。

力量の向上については，次のことについては頷けるかと思います。

- **セミナーを受講するより講師を担当することにより格段に知識が身につく**
- **安全パトロールを受ける側より実施する側のほうが力量が向上する**
- **内部監査を受けることより内部監査員を担当することのほうが力量が向上する**
- **聞いているだけより伝えることにより理解が進む　など**

そして，下請業者としてではなく，元請業者として施工するほうが建設業者としての力もつきますし，利益も多いということもすでにお伝えしています。

さらに，民間工事より公共工事の施工管理を行うほうが施工管理能力は向上します。

公共工事を受注，施工及び施工管理することは確かに大変ですが，その分，利益も大きいですし，担当者の力量も向上するのです。この，

**公共工事受注＝人材の力量向上**

が人材定着につながることを理解していただきたいのです。そして，公共工事受注のためにはCPDは有利に働きますので，単にユニット数を稼ぐためではなく，実のあるCPDを受講して人材の力量向上につなげて，その結果，人材定着を実現していただきたいのです。

公共工事受注に懐疑的な考えをお持ちの建設業者の社長さんとお会いすることもしばしばありますが，「なぜ，そのような考え方に至るのか？」

と理解に苦しみます。もちろん，公共工事の受注はメリットばかりではなく，デメリットも存在していますが，そのデメリットを上回るメリットを獲得できることは少し考えればわかることなのです。

ここでもやはり「新しいことはやりたくない」という思いが社長におありなのでしょうか。しかし，社長自身がこのような思考を持っている組織は人材にとって留まる価値のある建設業者といえるのでしょうか。

## 4　建設業者の出る杭は打たれるがCCUS/CPDが救ってくれる

残念なことですが，どの業界においても出る杭は打たれることは事実です。私も行政書士として独立した当時は，かなり打たれたことを記憶しており，新人にとっては辛い経験でした。

そのような時，当時の行政書士会の支部長から「出る杭は打たれるが，出きってしまった杭は打たれない」と励まされ，その後，“出きってしまった杭”になったのかどうかは別として，打たれることはなくなりました。

建設業の世界でも，新しく公共工事受注業者になったり，完成工事高が伸びてきたりすると打たれることがあるようです。

しかし，そのような時にこそ，

**どれだけ正しいことを行っているのか**

**どれだけ優良業者なのか**

が重要なのです。

「正しいことを行っている建設業者」や「優良建設業者」を打つことは，打つ側の建設業者自体に問題があり，打った責任を取るべきです。

このようなことは，きれいごとかもしれませんが，正しいことを行っている業者であり，優良業者であれば堂々としていれば良いのです。中には汚い手を使って打たれることもあるでしょうが，耐えられるだけの経営体力と社長の精神力があれば大丈夫です。

そこで，“正しいこと”“優良業者”の指標の１つとして活用していただきたいのが，CCUSであり，CPDなのです。

風評が出たり，打たれたりした場合に「当社はCCUSに完全対応しており，すでに事業者登録も済ませ，協力会社を含め技能者登録も完了しています。そして，全10名の技能者のうち４名もレベル４という最高のゴールドカード保有者です」「当社は全技術者にCPDを受講してもらっており，全員が20ユニット以上を保有しています」と社会にPRすればよいのです。

逆に風評が出たり，打たれたりした場合に追い打ちをかけるように「あそこの会社は当然のようにCCUS未対応だし，CPDの獲得ユニットもゼロなんだね」という事実が明るみに出た場合，風評では済まないでしょうし，打たれるべくして打たれた（撃たれるべくして撃たれた）建設業者となるでしょう。

CCUSやCPDは人材を大切にするためのツールでもありますから，ぜひ，積極的に導入していただければと思います。

第7章

# 建設業における女性と若年労働者の活用を本気で考えてみる

## 1 建設業で働く人材が減っている真の原因から目をそらさずに真正面に捉えてみる

建設業における就労人口が減少傾向ですが，その原因として建設業界が抱える課題があります。その課題とは，

- 労働時間が長い
- 休日が少ない
- 若年労働者の入職が少ない

などでしょうか。

若年労働者が建設業に魅力を感じないことが，建設業界への入職者数が少ない原因と考えられ，さらに魅力を感じない原因として前述の長時間労働や休日が少ないことが挙げられるのでしょう。

では，長時間労働を是正し，休日を増やしていくことができれば若年労働者の入職者数が増えるのかというと，そう簡単なことでもなさそうです。

確かに長時間労働を是正し，休日数を他業種並みにしていくことは最低限必要なことになります。そのためには，建設業について民間工事を含めて土日を完全休日にするなどの法整備が必要なのかもしれませんが，現状を鑑みると現実的ではありません。

ただ，ここ数年，公共工事における週休二日制が浸透しつつありますので，公共工事を元請業者として請け負い，適切な積算～施工～施工管理ができていれば経営が成り立つことは明らかとなっています（私の関与先の建設業者さんに公共工事への進出を促している理由もここにあります）。

もちろん，下請工事で十分な利益を出している建設業者さんも私の関与先には存在し，そのような建設業者さんが無理に公共工事に進出する必要性はありません。そして，我が国の建設業許可業者である約47万業者のすべてが公共工事を元請で受注することは現実的ではありません。

建設業は専門工事業者がそれぞれの階層で役割を果たしていることにより成り立っていますので，それぞれの階層で適正利益を獲得できればよいのです。そのためには，

- **元請受注金額が適正であること**
- **下請発注金額が適正であること**
- **資材の高騰・下落が迅速に発注価格に転嫁できること**

が必要であり，決して，ある階層の建設業者が利益を独占したり，不利益を被ったりしてはなりません。CCUSは，適正発注価格を実現するための仕組みでもあるのです。

建設業者は，どのような階層で受注したとしても適正価格での受注を実現すべきであり，それにより，公共工事，民間工事，元請工事及び下請工事を問わず，週休二日制を実現できることになります。

施主・発注者の要望に応えつつ，週休二日制を実現するためには，変形労働時間制の採用は不可欠だと思いますし，その他にも様々な労務管理施策が必要となりますので，建設業に詳しい社会保険労務士を積極的に活用すべきだと思います。

多くの建設業者が週休二日制を実現することにより，まずは人材募集のスタートラインに立ち，そのうえで建設業の魅力を伝えていくのです。

週休二日制を実現することにより，単純に考えても年間休日数は105日になります。このことは，建設業者の所定年間休日数が法定休日数と同一になることを意味しています。この“所定年間休日数が法定休日数と同一になる”ことは，他業種から見ると当たり前のように思われるかもしれませんが，それが当たり前でなかったのが建設業界なのです。

過去にさかのぼってみますと，社会保険の未加入問題もしかりです。しかし，これも国土交通省と厚生労働省の連携により一部を除いて解決されました。

私自身，膨大な数の社長と話す機会があるのですが，事あるごとに社長の口から出るフレーズとして「ウチの会社は特別だから」「私たちの業界は特別だから」というものがあります。

正直，“ウチの会社”の場合，特別でも何でもなく，その他大勢とあまり変わらなく，“特別”と思っているのは社長や社員だけなのです。また，“私たちの業界”についても“特別”だから許されていると思われているのでしょうか？

私は起業してから30年以上にわたり，建設業界や運送業界のお客様中心にサービスを提供してきましたので，これらの業界には非常にお世話になっており，かつ，愛着があります。だからこそ，あえて厳しいことをお伝えするのですが，建設業者・建設業界は“特別”に胡坐をかいているのではないでしょうか？

自社や自業界を“特別だから”と諦めずに，胡坐をかかずに真摯に向き合い，その他一般の他業種並みに労働時間も休日数も揃えていくことができなければ，人手不足・人材不足の解消は難しいでしょう。

建設業界における人手不足・人材不足の根本的な原因が長時間労働であり，休日数の少なさであることについて目をそらさずに認識すべきです。そして，解決のためにどのようなことをすべきなのかも真剣に考え，実行すべきなのです。

余談ですが，あるトラック運送業者さんから交通事故削減の相談を受けた際，運輸安全マネジメント専門家の立場・ISO39001（道路交通安全マネジメントシステム）主任審査員の立場で解決を図ろうとしたのですが，多くの事故発生の原因は，長時間労働だったのです。

そこで私は，運輸安全マネジメント・ISO39001の知識を前面に出さずに（多少活用しましたが），残業時間削減・生産性向上の知識で残業時間を１人当たり１か月平均13時間42分削減に成功し，事故の発生件数を全体で約半数に削減することに成功しました。これも，事故発生の真の原因を特定し，向き合った結果なのです。それと社長の「何としても残業を削減する」という英断があったからこそです。

以上のように建設業界特有の問題点を解決していかない限り，若年労働者や女性の入職者数が増えることはなく，結果，建設業の人手不足・人材不足の解消は難しいでしょう。

## 2　人材採用に不可欠なマーケティングの視点

公共工事に進出したり，民間工事や下請工事においても適正利益を確保したりすることにより，労働時間と休日数を他業種並みにすることができて，初めて人材募集というスタートラインに立つことができる建設業者もあるはずです。そして，その人材募集の際に建設業の魅力を伝えていくのです。ただ，この“建設業の魅力”をストレートに伝えることは得策ではありません。

私は常々，人材採用もマーケティングの視点が必要だと「人手不足・人材不足解消セミナー・勉強会」でお伝えしています。顧客を獲得することも（お客様に購入していただくこと），人材を採用できることも同じであり，マーケティングの視点が欠けていればお客様に購入していただけませんし，人材を採用することもできません。

そのことを人手不足・人材不足企業に理解していただくために「人手不足・人材不足解消セミナー・勉強会」の受講生を対象に（ほとんどが社長などの経営層），「売上向上につながるマーケティング100本ノック」というセミナーや「求人票・求人自社サイト作成コピーライティング100本ノック」というセミナーを開催して，人材採用にはマーケティングの視点が非常に重要であることを伝えています。

ぜひ，マーケティングの視点で第１章の3で説明した内容を求職者に伝えてみてください。

## 3 現場で働く人材だけが建設業に従事する人材ではない

建設業者さんが人材採用を行う場合，どうしても施工現場で構築物の設置や作業自体を行う人材をイメージされると思います。

現場作業はリモートワークもできませんので当たり前のことなのですが，施工現場で構築物の設置を行う人材だけが建設業に従事する人材ではないということもご理解いただきたいと思います。

次の人材も建設業に従事する人材なのです。

- **現場事務所で事務を担当する人材**
- **本社事務所で事務を担当する人材**
- **本社事務所で設計業務を担当する人材**
- **営業活動を担当する人材**
- **安全管理を担当する人材**
- **施工現場に資材を届ける人材　など**

序章の6のCCUS実施主体である一般財団法人建設業振興基金の建設キャリアアップシステム事業本部普及促進部長である川浪信吾氏へのインタビューにおいても，同氏から技能者に限定せずに建設現場に入る方・関わる方のすべてにCCUS登録を広げることができればとの趣旨の発言をいただきましたが，建設業は様々な職種の方が関わって成り立っています。

ですから，建設業界として女性や若年者に建設業に入職してもらうという場合，**建設現場**で働いてもらうことに限定してはいけません。

まずは，建設業に様々な職種で入職していただくことから始めればよいのです。

## 4　一生食うに困らない職業を創り上げましょう

私は，常々建設業者が求人募集する際，「一生食うに困らない職業」であることをPRすべきであると伝えています。例えば，１級の施工管理技士の資格を持ち，監理技術者として公共工事の元請現場で施工管理した経験があれば，日本全国，いや，世界中のどこに行っても食うに困らないと思うのです。これは，技術者に限らず技能者でも同様です。

しかし，いきなり女性や他業種の若年層が監理技術者として公共工事現場の施工管理を行うのは本人から見てピンときませんし，イメージできないかもしれません。

そこで，女性や若年層向けに，建設業として「一生食うに困らない職業」を創ることはできないのでしょうか。

本書では公共工事への進出を推していますが，今まで民間工事オンリーの建設会社，下請主体の建設会社にとって，公共工事に参入するということは，作成書類が膨大に増えるということであり，下請建設業者さんや民間工事オンリーの建設業者さんが公共工事受注に二の足を踏む理由になっています。

まずは，膨大に作成する必要がある文書の作成ノウハウについてですが，これは一度作成してしまえば，その発注者に見合ったフォームで作成できるのであまり問題ではありません。作成文書量が多く，その作成が大変であるということが問題なのです。

この部分を，監理技術者・配置技術者・現場代理人（発注者により呼称や役割が異なるので複数列挙しました）自らが策定するのではなく，事務担当者が作成することにより，監理技術者・配置技術者・現場代理人の負担は軽減されます。そして，現場管理者２人の担当者を１人にすることができ，人手不足の解消につながるのではないでしょうか。

この“事務担当者”を若年労働者や女性に担当していただくのです。

この方法こそが，建設業における女性活用，若年人材活用の方法であると思います。

このような話を現役の（しかも60歳過ぎの）監理技術者にしますと，「ムリムリ，できないよ」と反応する方もいらっしゃいますが，それができている事務担当者を私自身，何人も見てきました。特に都会より地方の建設業者さんに多くみられます。

私の地元の名古屋では，事務担当者で１級施工管理技士の資格を保有している方は確かに少ないのですが，地方の建設業者さんでは普通に存在します。

確かに現場の細かなことまではご存じないのですが，事務担当者として１級の施工管理技士の資格を取得されていること自体，非常に価値があり，「施工計画書」の作成や，出来形記録の作成，写真管理・整理，納品文書の作成等を担当されている女性の事務担当者が一定数いらっしゃいます。

この話を前述の60歳過ぎの監理技術者にしますと，「現場がわかっていないから使いモノにならない」という趣旨の話をされますが，本当にそうでしょうか？

実は，“使いモノにならない”と思い込みたいだけなのではないでしょうか。このような頭の固い，自己保身的な人材がいる限り建設業界の人手不足・人材不足は解消できないと思います。

仮に本当に“使いモノにならない”のであれば，使いモノになるように育成すればよいのです。教育すればよいのです。それができないのは，その人自身が人材を育成する能力が欠落しているというか，皆無だからでしょう。

女性や若年層向けに，建設業として「一生食うに困らない職業」として，本社や現場事務所で公共工事受注における納品文書を作成する職種を創っていただきたいのです。

## 5　公共工事受注で女性や若年労働者を活用する

第3章5では，“建設業において女性や若年人材の活用を本気で考えていますか？”をテーマにしました。そして，建設業界の人手不足を女性に助けてもらうのではなく，**“建設業界として若年層の方・女性の方を助けられませんか”**という視点が必要であることを説明しました。

本項では，このことをさらに掘り下げていきます。

第2章の13「一歩先を行く建設業者はマルチタスクで業務を処理している」で説明したように，監理技術者は公共工事の膨大な納品文書をマルチタスクで処理すべきことを説明しました。これはぜひ実施していただきたいのですが，やはり監理技術者がすべての納品文書を作成することは非常に大変です。そこで，この公共工事の納品文書を本社事務所や，時には現場事務所で作成する担当者を作れないでしょうか。

例えば，ネーミングとして「施工管理事務士」や「建設業総務士」でしょうか。

「施工管理事務士」については，「施工管理技士」を引用したネーミングであり，「建設業総務士」は「建設業経理士」（3，4級は建設業経理事務士）を引用しています。

職種として，公共工事の納品文書の作成を行うのです。業務は，「施工計画書」，写真，品質管理，出来形管理，出来高記録等の公共工事の納品文書作成だけではありません。

経審や建設業許可関連文書や安全関係の文書，道路使用許可申請，産業廃棄物マニフェストの整理など公共工事を受注・施工するうえで必要な文書のすべてが作成対象です（一部，民間工事受注でも必要です）。

この業務担当者を仮に施工管理事務士とした場合，施工管理事務士の存在により，監理技術者の負担がかなり軽減されるはずです。高額な現場の場合，担当者を2名以上配置しますが，施工管理事務士の存在により，担当者2名を1名に，担当者3名を2名にすることは可能でしょう。

もちろんデメリットもあります。施工管理事務士が公共工事の納品文書等を作成することにより，監理技術者自身が文書作成ノウハウを忘れてしまうことも想定されます。しかし，ISO9001の情報共有を徹底するとか，クラウドの情報共有ASPシステムを活用することにより，そのようなデメリットを克服することは可能なのです。

新しい仕組みや機械・設備を導入することにより必ずデメリットが生じ，そのデメリットの存在を，さも大げさに吹聴する方がいらっしゃいますが，ほとんどの導入でデメリットは活用次第，もしくは依存方法次第で防ぐことができます。

それが，前述した**“建設業界として若年層の方・女性の方を助けられませんか”**という視点に立ち，建設業界として新職種を創設して，その職種に就いた方に建設業界が助けてもらうことなのです。

若年層・女性にとっては，一生続けられる仕事に就くことができれば，非常に喜ばしいことではないでしょうか。

また，施工管理事務士に就き，業務を処理していく経験から，

> **「現場で施工管理技士として働きたい」**
> **「現場の社長として現場を切り盛りしたい」**

という考えを持つ施工管理事務士が出現することも考えられます。

さらに，

> **「施工管理技士の資格を取得したい」**

という方も出てくるでしょう。実際に建設業の事務担当者が，１級土木施工管理技士や１級建築施工管理技士の資格を保有している事例をISO審査の場でよく目にします。

そうなれば建設業界にとってもウェルカムですね。女性や若年層にいき

なり「施工現場で働きませんか！」とPRしたとしても，ほとんどの女性や若年層は「自分には関係がない」と興味を持たれませんが，**「一生続けられる建設業者の事務所で専門的な文書を作成するお仕事に就きませんか？」**とPRすれば興味を持ってくれる女性や若年層は多いと思います。

そこで，国・行政機関や建設業者にお願いしたいことがあります。

**国・行政機関 ⇨ 必要な公共工事を絶やさないでください**

**建設業者 ⇨ 公共工事で安定した経営を実現してください**

誤解のないように捕捉しますが，“必要な公共工事を絶やさない”ということは，無駄な公共工事を無理やり発注するということではなく，必要な公共工事は景気や他予算との兼ね合いに関係なく安定的に発注してくださいということです。

この施工管理事務士についても，CCUSのレベル１～レベル４を設定したり，建設業経理士のように４級～１級の資格制度を設けたりしてもよいと思います。

若年層や女性が一生続けられる職種を建設業界で創設するという発想です。ぜひ，実現させたく思います。

## 6 「働きながら族」を重宝しましょう

本書は私にとって12冊目の商業出版書籍です。過去に出版した11冊の中で，恐らく一番売れていないのが『短時間で成果をあげる「働きながら族」に学べ』（労働調査会）だと思います。

一番売れていないのですが，私にとって非常に「想い」の詰まった書籍です。

この本の執筆の際，参考にさせていただいたのが「働きながら族」です。

「働きながら族」とは働きながら，

- 子育てをしている
- 資格試験の勉強をしている
- 学校に通っている
- 介護をしている
- 自らの病気などの治療をしている

方や,

- 自らの障害を抱えながら働いている方

の総称です。要は,働くことに何らかの弊害を抱えている方々の総称です。

このような説明をすると,働いている方全員が何らかの弊害を抱えているかもしれませんので,あらゆる人が「働きながら族」かもしれません。しかし,その弊害が顕著な方々だと理解してください。

私自身が病弱・障害を抱えた母が居り,子どものころは「ヤングケアラー」であり,就職後は「働きながら族」であったことからも想いが強いのです。この「働きながら族」は,非常に生産性の高い方々なのです。

何としても定時の17時に業務を終え子どもを保育園に迎えに行かなくてはならないので,無駄なおしゃべりやサボりとは無縁な方々であり,生産性が高い方々なのです。私自身,小手先ではなく根本的な原因追究型の残業時間削減・生産性向上を企業に指導する中でムダの多い人材や生産性の悪い人材を数多く見てきましたが,そのような人材で「働きながら族」は非常に少ないのです。

「残業が多い人材＝能力が低い」とは,例外もあり断言できませんが,傾向としては正しいと私は思っています。優秀な人材とは,決められた時間内で成果を出す人材です。

「働きながら族」は,決められた時間内で成果を出さざるを得ない人材です。彼ら・彼女らには，延長戦もアディショナルタイムもありません。

あなたの会社では，ぜひ，「働きながら族」を活用してください。優遇してあげてください。「働きながら族」は，働くことに何らかの制約がある人材ですが，そこを理解したうえで認めてあげてください。そして，あなたの会社の貴重な戦力として活用してください。

## 7 「ワントゥワン人事管理」を採用してみる

### (1) 「ワントゥワン人事管理」とは？

「ワントゥワン人事管理」は，零細・中小企業が大企業に勝つための戦略です。

大企業は，組織の大きさから，人材を十把一からげにした人事管理を実施しています。対して，小回りの利く零細・中小企業では，働く人材１人ひとりの事情に寄り添った「ワントゥワン人事管理」が有効です。あなたの会社ではまさか大企業用の人事管理をしていませんか。

●●●ワントゥワン人事管理

**１人ひとりの事情を考慮した人事管理によって，人材の会社に対する思い入れや愛着心，そして仕事へのモチベーションを高める人事管理。**

あなたの会社が，大企業用の人事管理をしているのであれば，人材から見て会社への思い入れ・愛着心が持てない原因は，それです。

零細・中小企業ならではの「ワントゥワン人事管理」を使わない手はありません。逆に大企業では「ワントゥワン人事管理」は活用できません。これからは，零細・中小企業の時代なのです。

零細・中小企業が大企業に打ち勝つための戦略である「ワントゥワン人

事管理」について説明する前に，次のことを考えてみましょう。まず，大前提として「人が働き甲斐を感じるのは収入だけではない」ということです。そのうえで，

- **その人は，何に働き甲斐を感じているのか？**
- **人は，それぞれ抱えている事情が異なる**
- **その人は，どのような要求や欲求があるのか？**

を1つひとつ明確にしていくのです。

「ワントゥワン人事管理」を実現するうえで重要なことは，Private Value（私的な働く価値）です。人材ごとのPrivate Valueを見つけて与える，そして会社に対するエンゲージメントを高めてもらうのです。

●●● Private Value（私的な働く価値）の例

・施主から褒められる，上司から褒められる　・自分自身が仕事を通じて成長できる　・資格取得　・好きなことに没頭できる　・仕事の楽しさ・満足感・達成感　・会社・上司から高評価を獲得できる　・気の合う同僚や尊敬できる上司の存在　・残業がない，定時帰宅できる　・週休三日制である　・ゴルフで100を切る・年1回，長期休暇が取れる（長期の海外旅行に行ける）
・週2日在宅勤務ができる　・夜間に大学に行ける　・親の介護ができる
・平日の午前中に通院できる　・家族と毎日一緒に夕食が食べられる　・月に2回平日（休日）休める　・年2回以上マラソン大会に出場できる　・責任ある仕事を任せてもらえる・一定規模以上の現場を任せてもらえる　・扶養家族7人分の健康保険証がもらえる

上記はPrivate Valueの例ですが，見ておわかりのように仕事に関係するPrivate Valueもあれば，全く仕事とは関係のないPrivate Valueもあります。人が働く動機付けは様々であり，すべて正しいのです。

あなたも，会社ではおとなしく地味な人材が別の場所ではキラキラと輝いていたり，会社では見せたことのない笑顔でスポーツをしていたりする

場面に遭遇した経験があるのではないでしょうか。それでよいのです。では，どのようにしてPrivate Valueを見つけ出すのでしょうか。

Private Valueは，4種類存在します。そして，会社が簡単に把握できるPrivate Valueはごく一部なのです。それ以外のPrivate Valueをどのように把握するのかが重要なのです。

●●● Private Value（私的な働く価値）の種類

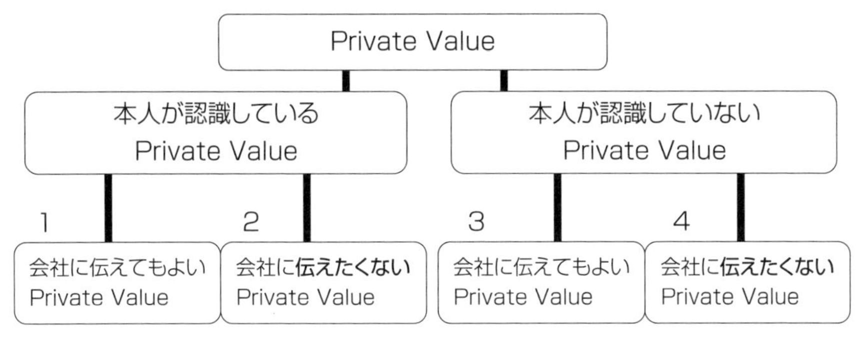


●●● Private Value（私的な働く価値）の種類

1．本人が認識しており会社に伝えてもよいPrivate Value
2．本人が認識しており会社には伝えたくないPrivate Value
3．本人が認識しておらず，認識できた場合，会社に伝えてもよいPrivate Value
4．本人が認識しておらず，認識できた場合，会社に伝えたくないPrivate Value

上記の1の場合は問題ないのですが，2，3，4の場合は少々問題があります。

まず，「**2．本人が認識しており会社には伝えたくないPrivate Value**」については，すでに本人がPrivate Valueについて認識しているので，認識させるプロセスは省かれますが，いかんせん本人が会社に伝えたくないのですから，それを伝えてもらうのは少々難しいのです。

では，どのようにするのでしょうか。

まず，大前提として人材から会社に対して信用がないと伝えてきません。

あなたもそうですよね。信用のない人に自分が秘密にしておきたいことは伝えたくないですよね。それと同じなのです。

人材が会社を信用するためには，会社が「正しい行いをする組織」であることを理解してもらう必要があります。間違っても，残業代が未払いであったり，毎年，行政機関に提出する工事経歴書に架空工事が掲載してあったり，社会保険料をごまかしているような会社であれば，人材からの信用は獲得できませんので，事業経営自体を考え直したほうがよいでしょう。

会社に対して前述のような不信感がなければ，人材のためにPrivate Valueを明確にしたうえで，付与すること・考慮する方向性であることを伝えてください。このことを伝えることにより，その場でPrivate Valueを人材から会社側に伝えてくることがなかったとしても，定期的に面接しているのであれば（第４章11の人事評価制度進捗管理面接），次の面接の機会に再度，Private Valueについて質問することにより明確に伝えられることが多いです。

重要なことは人材と会社との信頼関係です。本人が認識していない前述の**3**，**4**の場合は，Private Valueとはどのようなものなのかを面接の場もしくは全体会議の場で説明してもよいでしょう。

そこで，各人材のPrivate Valueについて，次回の面接時に伝えてもらえると会社として嬉しいし，それに応えていきたい旨を伝えることにより，**「3．本人が認識しておらず，認識できた場合，会社に伝えてもよいPrivate Value」**の場合は，すんなり伝えられるかもしれません。

最難関は，**「4．本人が認識しておらず，認識できた場合，会社に伝えたくないPrivate Value」**ですね。まずは，本人のPrivate Valueを認識させる，そして**2**と同様に会社に対して信用があれば伝えてもらえる可能性も高いのですが，伝えられないこともあります。

そこで，面接時に伝えるべきことは，会社に自分のPrivate Valueを伝えることにより自分が得をすることを理解させるのです。

すべての人材のPrivate Valueを一斉に把握する必要はありません。Private Valueを会社に伝えたことにより，その人材が働きやすくなった実例を良い見本として認識させることができれば，しめたものです。

人材からすると，「では，私も会社にPrivate Valueを伝えて働きやすい状況を実現しよう」と思えるのですから。

### ⑵　Private Valueの与え方

人材のPrivate Valueが把握できると，そのPrivate Valueをストレートに与えてしまう社長がいらっしゃいます。

そのような社長は人の好い場合が多いのですが，できる限りストレートに与えるのではなく，「そのPrivate Valueを実現するためには何が必要なのか？」と考えてみましょう。

| Private Value | 1億円以上の現場を任せてほしい。 |
|---|---|
| 与えること | 1億円以上の物件の入札に主任技術者としてエントリーさせるのではなく，「1億円以上の物件を任せるためには何が必要なのか？」を考え，まずは1億円以上の現場を担当している主任技術者のサブとして経験を積ませる。 |
| Private Value | ゴルフで100を切りたい。 |
| 与えること | 社長の知り合いのレッスンプロを紹介するのではなく，「ゴルフで100を切るために必要なことは何か？」を考え，コースに出る経験を積むために料金の安い平日の午前中にコースに出られるように月2回ほどフレックスを採用する。 |

もちろん，ストレートにPrivate Valueを与えることは悪いことではありませんが，ひとひねりしていただき，結果的に本人を甘やかさないことも教育の観点から必要です。

### (3) Private Valueを組織運営に活かす

大企業では「ワントゥワン人事管理」を実現することは難しいでしょう。しかし，フットワークが軽く，小回りの利く零細・中小企業では実現可能なことなのです。

ぜひ，あなたの会社でも人材のPrivate Valueを見つけて，会社と共有することにより，人材の「この会社で働きたい！」という想いを実現させてあげてください。

「働きながら族の活用」「ワントゥワン人事管理の採用」は，建設業界が若年者や女性を活用し人手不足・人材不足を脱却するうえで非常に有効なことなのです。

# あとがき

CCUS導入について賛否があることは理解しています。

当然，私は“賛成”なのですが，“否”（反対）の立場を唱える方にお尋ねします。どこまでCCUSを理解されているでしょうか？

私自身，ISO主任審査員として，建設業許可関連を専門に行っている行政書士事務所の所長として，CCUSに“否”（反対）の立場の方と話すことが多いのですが，そのほとんど，いや，すべてが，よくよく話すと，

- **CCUS について無理解**
- **面倒くさいと思っている**

のです。

CCUSについて“否”（反対）の立場であっても構いません。ただお願いがあります。

**CCUSがどのような仕組みであるのかをよくよく理解したうえで**
**立場を表明していただきたい。**

CCUSがどのようなものなのかを理解せずに，「面倒くさそうだから」などの理由で反対するのはぜひ，おやめください。さらにコンプライアンス上の問題点が明るみに出てしまうという理由で反対されるのであれば，言語道断です。

建設業界はCCUS導入の方向で動いているのですから，徹底的にCCUSを使い倒していくことを考えたほうが，30年先まで存在する建設業者となりうるでしょう。

[謝意]

本書の執筆にあたり，CCUSについてインタビューに応じていただいた一般財団法人建設業振興基金 建設キャリアアップシステム事業本部普及促進部長の川浪信吾氏，中央経済社の牲川健志氏に心より御礼申し上げます。そして，所長の留守がちな事務所を支えてくれている当社職員の面々にも感謝の意を表したいと思います。

2023年２月

山本　昌幸

## [参考文献]


『今日作って明日から使う中小企業のためのカンタンすぎる人事評価制度』山本昌幸（中央経済社）

『人事評価制度が50分で理解でき，一日で完成する本』山本昌幸（同友館）

『従業員のための人事評価，社長のための人材育成』山本昌幸（同友館）

『働き方改革に対応するためのISO45001徹底活用マニュアル』山本昌幸（日本法令）

『人手不足脱却のための組織改革』山本昌幸（経営書院）

『社長のための残業ゼロ企業のつくり方』山本昌幸（税務経理協会）

『「プロセスリストラ」を活用した真の残業削減・生産性向上・人材育成実践の手法』山本昌幸，末廣晴美（日本法令）

『短時間で成果をあげる 働きながら族に学べ！』山本昌幸（労働調査会）

『社長の決意で交通事故を半減！ 社員を守るトラック運輸事業者の５つのノウハウ』山本昌幸（労働調査会）

『運輸安全マネジメント構築・運営マニュアル』山本昌幸（日本法令）

『CSR企業必携！ 交通事故を減らすISO39001のキモがわかる本』山本昌幸，粟屋仁美（セルバ出版・三省堂）

## 【著者略歴】


### 山本　昌幸（やまもと　まさゆき）

1963年生
あおいコンサルタント株式会社　代表取締役
社会保険労務士・行政書士事務所　東海マネジメント所長
食品会社，損害保険会社を経て現職。
自ら10名の組織を率い，コンサルタント，マネジメントシステム審査員として全国を行脚。
人事制度指導歴29年，マネジメントシステム指導歴・審査歴25年。
従業員数２名～数万人規模の企業に対する1,400回以上の審査経験から「カンタンすぎる人事評価制度」「ワントゥワン人事管理」を開発。

主な保有資格：
ISO9001・ISO14001主任審査員（JRCA），
ISO22000・ISO39001・ISO45001主任審査員（審査登録機関），
社会保険労務士（特定），行政書士。

連絡先：あおいコンサルタント株式会社
　　　　名古屋市中区栄3-28-21建設業会館7階　☎ 052-269-3755

| メールアドレス：my@aoi-tokai.com<br>あおいコンサルタント株式会社ＨＰ：aoi-tokai.com<br>ロードージカンドットコム：rodojikan.com |
|---|


「カンタンすぎる人事評価制度」についてはホームページをご覧ください

| カンタンすぎる | 検索 |
|---|---|

CCUS/CPDの活用で
**建設業の人材不足解消と育成はできる！**

---

2023年４月１日　第１版第１刷発行

著　者　山　本　昌　幸
発行者　山　本　　継
発行所　㈱中央経済社
発売元　㈱中央経済グループパブリッシング

〒101-0051　東京都千代田区神田神保町1-31-2
電話　03（3293）3371（編集代表）
03（3293）3381（営業代表）
https://www.chuokeizai.co.jp
印刷／文唱堂印刷㈱
製本／㈲井上製本所



---

＊頁の「欠落」や「順序違い」などがありましたらお取り替えいたしますので発売元までご送付ください。（送料小社負担）
ISBN978-4-502-45561-2 C3034